磁悬浮陀螺寻北仪精度分析与误差补偿技术

谭立龙 仲启媛 著

国防工业出版社

·北京·

内容简介

本书是作者及团队近十年来在基于陀螺寻北仪寻北精度与误差补偿技术的研究成果的基础上总结归纳加工而成。全书共分为 7 章。第 1 章对陀螺寻北仪的工作原理及国内外发展现状和趋势进行了介绍。第 2 章主要对磁悬浮陀螺寻北仪结构组成、工作原理以及摆式陀螺常用寻北方法进行了介绍。第 3 章针对影响陀螺寻北仪寻北精度的主要因素进行了分析。第 4 章针对基座倾斜对寻北精度的影响进行了分析，重点介绍了补偿系统设计。第 5 章针对基座扰动对寻北精度的影响进行了分析，重点介绍了基于采样时间选择补偿基座扰动的措施。第 6 章在分析基于小波变化最值迭代滤除陀螺输出信号中脉冲噪声的基础上，重点介绍了分段统计非等权处理和最大类间方差法在滤除陀螺输出信号噪声中的应用。第 7 章针对转位误差、基座倾斜和基座扰动造成的寻北误差进行了试验，并与理想情况下的寻北值进行了对比。

本书内容新颖，突出实际和应用，适用于从事大地测量、寻北定向、导弹定位定向、陀螺寻北仪及其相关科研的工程技术人员和研究生参考、阅读，也可以作为高等院校相关专业的教材使用。

图书在版编目（CIP）数据

磁悬浮陀螺寻北仪精度分析与误差补偿技术 / 谭立龙，仲启媛著. -- 北京：国防工业出版社，2025.3.
ISBN 978-7-118-13608-1

Ⅰ.TN967.1

中国国家版本馆 CIP 数据核字第 20250VQ097 号

※

国防工业出版社出版发行

（北京市海淀区紫竹院南路 23 号　邮政编码 100048）
天津嘉恒印务有限公司印刷
新华书店经售

*

开本 710×1000　1/16　印张 8½　字数 146 千字
2025 年 3 月第 1 版第 1 次印刷　印数 1—1500 册　定价 98.00 元

（本书如有印装错误，我社负责调换）

国防书店：(010) 88540777　　书店传真：(010) 88540776
发行业务：(010) 88540717　　发行传真：(010) 88540762

前　言

　　为了提高导弹的机动能力和生存能力，必须要解决无依托快速机动发射和无依托快速定向瞄准问题，而要实现无依托快速定向瞄准问题，首先就是要解决快速精确寻北问题。

　　陀螺寻北仪寻北精度的高低直接影响所标定的射击方向的精度，进一步影响导弹的横向命中精度及导弹武器系统作战效能的发挥。然而，在导弹实际发射过程中，由于发射前准备时间有限，而且战场环境复杂多变，陀螺寻北仪会受到各种干扰，这些干扰都会影响寻北仪的寻北精度，进而会对标定的射击方向以及对导弹的瞄准定向带来较大的误差。为了提高陀螺寻北仪的环境适应能力及寻北精度，就需要研究各种干扰误差源的作用机理及其对寻北精度的影响机制，对所引起的寻北误差进行深入分析，并研究相应的有效措施来减小、消除各种干扰或进行有效的误差补偿。

　　本书以导弹无依托快速机动发射、无依托快速定向瞄准为研究背景，以磁悬浮摆式陀螺寻北仪为研究对象，针对导弹特殊的作战环境、时间和精度指标等要求，首先分析了影响磁悬浮摆式陀螺寻北仪寻北精度的各主要因素，然后分别就以下几个主要问题进行了详细分析。

　　(1) 针对传统的寻北仪精度评价方法不适用于导弹发射的特殊情况，研究了适应导弹瞄准定向的寻北仪精度评价方法，并进行了相关的试验验证。

　　(2) 针对导弹发射前时间有限，寻北仪基座不能精确调平，以及环境和温度对水准气泡的影响而使基座出现倾斜的情况，研究了基座倾斜对寻北精度的影响机理及相应的补偿措施。

　　(3) 针对发射阵地的发动机组工作时产生的高频扰动以及大风、车辆和人员走动引起的低频扰动，研究了基座扰动对寻北精度的影响机理及相应的补偿措施。

　　(4) 针对陀螺寻北仪输出信号的特点，研究了小波变换在寻北仪输出信号处理中的应用，提出了小波变换最值法、最大类间方差法和分段统计非等权处理法滤除陀螺输出信号中的噪声。通过对以上几个主要问题的研究，为提高陀螺寻北仪在导弹无依托快速定向瞄准中的环境适应能力以及定向精度提供理论基础和关键技术。

在无依托机动发射的导弹瞄准中，由于只用陀螺寻北仪的一次寻北结果来为导弹瞄准定向，所以寻北结果的可靠性显得尤为重要。而传统的寻北仪精度评价方法是取 3 倍的标准偏差作为测量结果的可信限，但这只在测量次数很多的条件下，可靠性才能超过 99%，因此，为了科学准确地评价陀螺寻北仪的寻北精度，使之更能适应导弹方位瞄准使用要求，本书提出了基于 t 分布的精度评价方法。

为了分析寻北仪基座在没有精确调平时对寻北精度的影响，建立了基座倾斜时对寻北精度影响的数学模型，提出了基座倾斜补偿方案，并设计了小巧的高精度的基座倾角测量系统，在这个系统当中，结合寻北仪二位置寻北的特点，很好地解决了零点动态标定和测量当量的标定问题，消除了零点漂移造成的系统测量误差，有利于提高测量精度。

为了分析发射车的发动机组工作时产生的高频扰动以及大风、人员走动时产生的低频扰动对寻北精度的影响，先深入分析基座扰动误差对寻北结果的影响机理，建立有效的误差补偿模型，并提出相应的补偿策略。通过多个高精度传感器测量基座的扰动，结合误差补偿模型计算基座扰动对寻北精度的影响并进行补偿修正，以减小基座扰动误差对寻北精度的影响。

在数据处理中，通过实地进行基座倾斜和基座扰动试验，采集陀螺输出数据，并根据不同的扰动情况采用不同的滤波方法，以降低在陀螺寻北过程中各种扰动对寻北的影响，提高磁悬浮摆式陀螺寻北仪环境适应能力和抗干扰能力。

本书撰写分工如下：仲启媛撰写第 2 章、第 3 章、第 5 章、第 6 章、第 7 章，谭立龙撰写第 1 章、第 4 章。特别感谢张志利教授提供的技术和理论协助。

本书在编写过程中参阅和摘引了国内外许多专家的著作和论文，在此致以诚挚谢意。陀螺寻北技术内容涉及多门学科前沿，且相关理论与应用还在不断发展完善中，由于作者水平、时间有限，书中难免存在不妥和错误之处，恳请广大同行、读者见谅并批评指正，不胜感谢。

作 者
2025 年 1 月

目 录

第1章 绪论 ... 1
1.1 研究背景 ... 1
1.2 寻北仪的基本原理 ... 3
1.3 国内外研究现状 ... 5
1.3.1 国外情况 ... 5
1.3.2 国内情况 ... 6
1.4 本书主要内容和结构安排 ... 8

第2章 陀螺寻北仪的工作原理 ... 11
2.1 摆式陀螺寻北仪悬挂方式 ... 12
2.2 吊带式陀螺寻北仪的结构及寻北原理 ... 13
2.2.1 吊带式陀螺寻北仪的结构 ... 13
2.2.2 吊带式陀螺寻北仪的寻北原理 ... 16
2.3 磁悬浮陀螺寻北仪的结构及寻北原理 ... 17
2.3.1 空间坐标系 ... 17
2.3.2 磁悬浮陀螺寻北仪的寻北原理 ... 21
2.3.3 磁悬浮陀螺寻北仪的工作流程 ... 26
2.4 摆式陀螺常用的寻北方法 ... 27
2.4.1 跟踪逆转点法 ... 27
2.4.2 中天法 ... 30
2.4.3 步进寻北法 ... 31
2.4.4 积分法 ... 33
2.4.5 时差法 ... 34
2.4.6 阻尼跟踪法 ... 35

第3章 影响陀螺寻北仪寻北精度的各主要因素分析 ... 36
3.1 基于 t 分布的陀螺寻北仪精度评价方法 ... 36

3.1.1 传统陀螺寻北仪的精度评价方法 ………………………… 36
        3.1.2 基于 t 分布的陀螺寻北仪的精度评价方法 ……………… 37
    3.2 基座倾斜对寻北精度的影响 ……………………………………… 41
    3.3 基座扰动对寻北精度的影响 ……………………………………… 42
    3.4 转动机构转位误差对寻北精度的影响 …………………………… 43
    3.5 准直误差对寻北精度的影响 ……………………………………… 45
    3.6 高低温变化对寻北精度的影响 …………………………………… 49
    3.7 陀螺寻北仪漂移误差对寻北精度的影响 ………………………… 50

第 4 章 基座倾斜对寻北精度的影响及补偿系统设计 ………………… 52
    4.1 基座倾斜引起的寻北误差分析 …………………………………… 52
    4.2 基座倾角测量系统硬件设计 ……………………………………… 54
    4.3 零点确定与当量标定 ……………………………………………… 63
    4.4 系统的软件设计 …………………………………………………… 68
    4.5 基座倾斜补偿试验 ………………………………………………… 71

第 5 章 基座扰动对寻北精度的影响及相应的补偿措施 ……………… 73
    5.1 基座扰动使倾斜量 θ、γ 发生变化对寻北精度的影响 …………… 74
    5.2 基座扰动产生角运动对寻北精度的影响 ………………………… 79
    5.3 常用的基座扰动处理方法 ………………………………………… 80
        5.3.1 采用加速度计进行补偿 ……………………………… 80
        5.3.2 连续转动法 …………………………………………… 81
        5.3.3 滤波法 ………………………………………………… 81
    5.4 基于采样时间选择补偿基座扰动对寻北精度的影响 …………… 82

第 6 章 基于小波变换的陀螺寻北仪输出信号处理 …………………… 86
    6.1 滤波方法的选取 …………………………………………………… 86
    6.2 小波变换的基本理论 ……………………………………………… 87
        6.2.1 连续小波变换 ………………………………………… 87
        6.2.2 离散小波变换 ………………………………………… 88
        6.2.3 小波变换的多分辨率分析 …………………………… 89
    6.3 基于小波变换最值迭代滤除陀螺信号中脉冲型噪声 …………… 90
    6.4 基于小波变换和分段统计非等权处理的方法滤除陀螺
        扰动噪声 …………………………………………………………… 94

  6.4.1 小波变换阈值消噪原理 ……………………………………… 94
  6.4.2 小波变换滤除噪声阈值的选取规则 …………………………… 94
  6.4.3 阈值选取准则 …………………………………………………… 97
  6.4.4 基于分段统计非等权法处理陀螺输出数据 …………………… 98
 6.5 基于最大类间方差法选择阈值降低陀螺寻北仪的信号噪声 …… 101
  6.5.1 陀螺寻北仪噪声信号分析 ……………………………………… 101
  6.5.2 基于最大类间方差法选择阈值降低陀螺寻北仪的信号噪声 … 102

第7章 陀螺寻北仪试验及数据分析 ………………………………………… 106

 7.1 试验项目 ……………………………………………………………… 106
 7.2 理想情况下的寻北试验 ……………………………………………… 106
  7.2.1 寻北试验步骤 …………………………………………………… 106
  7.2.2 寻北时间及单位置采样时间 t 的选取 ………………………… 107
 7.3 存在转位误差时的寻北试验 ………………………………………… 108
  7.3.1 寻北试验步骤 …………………………………………………… 108
  7.3.2 粗大误差剔除 …………………………………………………… 108
  7.3.3 试验数据分析和处理 …………………………………………… 109
 7.4 基座未精确调平时的寻北试验 ……………………………………… 111
  7.4.1 寻北试验步骤 …………………………………………………… 111
  7.4.2 试验数据分析和处理 …………………………………………… 111
 7.5 人员走动和上下车时基座扰动寻北试验 …………………………… 114
  7.5.1 寻北试验步骤 …………………………………………………… 114
  7.5.2 试验数据分析和处理 …………………………………………… 114

参考文献 ……………………………………………………………………… 117

第1章 绪 论

1.1 研究背景

目前现役导弹的发射方式大都采用有依托的发射方式，瞄准方式也大都采用有依托的瞄准方式，这是因为：

（1）导弹发射时对发射场坪承载力有较高的要求，通常要求发射场坪能承受 2MPa 以上的压强，而一般的路面（如学校操场）只可承受 0.5MPa 压强，高速公路也只能承受 1.9MPa 压强，均不能满足导弹发射时对发射场坪的要求。

（2）弹道导弹要准确命中目标，必须要根据发射点和目标点的坐标、高程、重力加速度、垂线偏差等大地测量参数进行准确的弹道诸元和射击方位角的计算，但是，在发射时无法快速、准确地测定任意发射点的坐标、高程、重力加速度、垂线偏差等参数，而这些参数是进行诸元计算所必须的，即无法快速、准确地提供导弹准确命中目标所需要的诸元数据。

（3）导弹只有沿着射击方向飞行才有可能命中目标，而射击方向是诸元计算专业根据发射点与目标点的坐标精确计算出来的，计算时将影响射程射向的地球自转角速度、重力加速度、垂线偏差等因素考虑进去，并加以修正，最终得到的射击方向是一个角度，这个角度称为射击方位角。而射击方位角是以真北方向为起始方向，顺时针转到射击方向的角度，所以，要准确确定导弹的射击方向，必须要准确确定发射点的真北方向。但是，对于任意确定的发射点，它的真北方向很难高精度地快速确定，也就无法对导弹的制导系统进行高精度的初始定向。

考虑到以上3个方面的限制，要准确命中目标，导弹的发射不是在任意选定的场坪都能实施正常发射的，必须预先建好固定的发射阵地，预制水泥场坪，使场坪能适应导弹发射时对场坪承载力的要求，并在场坪上确定发射点、瞄准点和基准点。

战时导弹发射时，将导弹武器系统运输至预先建好的发射阵地的发射点上，只要精确瞄准基准方向，就可以快速准确地确定北向，进而就可以快速准确地确定导弹的射击方向，即利用预先建好的发射阵地上储存的已知点和已知边，可以为导弹瞄准定向快速提供基准，从而完成瞄准和导弹发射任务。

但是，这种固定阵地的导弹发射方式存在以下缺点。

（1）平时发射阵地及其附属设施的建设、伪装与维护消耗了大量的人力、物力和财力。

（2）随着敌方侦察手段和打击精度的不断提高，战时固定阵地容易被敌方侦察发现，阵地及附近的道路容易被打击摧毁，导弹武器系统不能快速机动至发射阵地的发射点上。

（3）即使能占领发射阵地，但因阵地已经暴露，阵地及导弹武器系统被敌方锁定，很容易受到敌方反导系统的跟踪和打击。

所以，这种在预先建好的发射阵地上实施发射的有依托的发射方式既达不到战争的突然性，又严重影响了导弹的机动能力和生存能力，已不能适应现代化战争的要求。因此，无依托的快速机动发射将成为提高导弹机动能力和生存能力的一个重要保障，也是导弹发射方式的一种发展趋势。

要实现无依托快速机动发射，必须要解决无依托快速瞄准问题，而要实现无依托快速瞄准，首先必须要实现快速精确寻北问题，因此快速准确地测量发射点的北向就成为制约实现导弹无依托快速机动发射的最大瓶颈问题。

目前，常用的寻北定向方法主要有以下几种[1]。

（1）大地测量法。该方法是从高精度的已知点和已知边出发，将基准引至发射阵地，从而实现测量北向。而高精度的已知点和已知边主要来自于国家大地坐标系，常用的测量方法有三角测量法和导线测量法。大地测量法测量精度高，但测量时间长，只可用于平时阵地的测量与维护，无法用于战时导弹无依托快速瞄准。

（2）天文观测法。该方法是通过观测天体来确定某个方向的天文方位角，如观测北斗星来定位，尽管测量精度高，但通常需要观测较长的时间，计算比较复杂，而且受到地形和气候条件的限制，使用时必须在晴朗的夜空连续观测，显然不便于野外机动使用，平时可用于阵地测量，也不能用于战时。

（3）磁北法。该方法虽然可以非常简便地确定方位，但由于地球磁场存在磁偏角，并且磁偏角随时间变化，这会直接影响磁北法的定向精度，此外，如果周围存在铁磁物质，同样会影响定向精度，这些外界的影响使得该方法定向精度较低，只能粗略定向，不能满足武器系统作战使用的需要。

(4) 陀螺寻北仪法。陀螺寻北仪是通过敏感地球自转角速度的水平分量来确定北向，该方法是利用陀螺的特性和地球的自转来确定北向，不会受到地球磁场和外磁场的影响，也不会受地形和气候等条件的影响，可以不依赖于已知点和已知边的测量，全天候可靠地实现自主寻北功能，测量出当地地理北向。该方法可以克服前面几种方法的缺点[2]。

随着侦察手段和打击精度的不断提高，现代战争要求武器装备的机动性要好，能自主快速地确定方位。由于陀螺寻北仪可以完全自主地确定方位，寻北精度高，因此，陀螺寻北仪是为导弹武器系统提供北向基准的最好方法。目前国际上许多发达国家投入大量的人力、物力和财力开发和研制精度高、速度快、抗干扰能力强的陀螺寻北系统[3-4]。

1.2 寻北仪的基本原理

现有的陀螺寻北仪按其定位方法大致可分为3种，即罗经法、速度法和角度法，下面分别加以介绍[5]。

(1) 罗经法。罗经法是利用摆式罗经原理，由于地球自转和陀螺的特性，陀螺主轴围绕子午线做椭圆简谐摆动，通过测量摆动中心，确定北向。目前应用广泛的陀螺经纬仪便是由二自由度摆式陀螺罗经构成。这种经纬仪测量精度高，在工程应用中使用时间最长。二自由度摆式陀螺罗经是降低陀螺仪的重心，利用地球自转产生北向重力矩，重力矩产生的进动和地球自转产生的相对运动的相互作用，使转子轴围绕子午线做椭圆简谐摆动。二自由度摆式陀螺的寻北精度可以达到很高，但结构复杂、成本高、启动时间长、寻北时间通常比较长。典型产品有德国矿山测量研究所Gyromat2000/3000型，寻北时间为9min时，其精度为3″（1σ）[6]。对于悬挂式二自由度摆式陀螺寻北仪，对悬挂带的要求较高（具有足够的抗拉强度且扭力矩要足够小）[7-8]。

(2) 速度法。速度法是利用在水平平台上工作的速率陀螺来观测地球自转角速度的水平分量，进而确定北向。根据平台的实现方式，有转台平台式寻北系统和捷联式寻北系统两种。转台平台式寻北系统一般包括实体的转台和相应的调平机构；捷联式寻北系统中没有实体的平台，是通过计算建立的"数字平台"[9]。

该寻北系统通常采用精度适中、成本低、体积小的动调陀螺作为速度敏感元件。这种寻北仪结构简单、启动快、功耗低，缺点是受到陀螺随机漂移的影响，精度较低。典型产品有美国Smiths公司研制的2XDTG解析调平寻北仪，寻北时间为 3min 时，精度为 7.8′[10]。为了减小陀螺漂移对寻北精度的影响，一般采用二位置寻北或多位置寻北，这样可以消除常值漂移的影响，但随机漂移造成的误差依然无法消除，只能利用滤波等方法减小误差[6]。

（3）角度法[11]。角度法是通过光电传感器测出自由陀螺仪相对当地水平面的表观运动角度，从而估算出当地真北方向。在采用角度法的寻北系统中，陀螺工作于静止基座上，处于自由状态，没有罗经法中的悬挂装置与速度法中的力反馈回路给陀螺转子带来的干扰，还可以通过多位置测量消除陀螺随机漂移的影响[12]。此外，由于角度法是通过测量角度来估算速度，因而要求测角分辨率高，线性度好，噪声低，通常采用精度较高的静电陀螺仪，可以达到理想的寻北性能，但结构复杂，成本很高，且要考虑去除外部静电干扰和电磁干扰[13]。

摆式陀螺寻北系统因其寻北精度相对较高，技术也相对成熟而成为目前国内外最常用的高精度寻北定向系统。摆式陀螺寻北仪按其悬挂系统又分为吊带式陀螺寻北仪、磁悬浮式陀螺寻北仪和气浮摆式陀螺寻北仪等，目前高精度寻北仪多以吊带式和磁悬浮式为主。

陀螺寻北仪寻北精度的高低直接影响所标定的射击方向的精度，进一步影响到导弹的横向命中精度及导弹武器系统作战效能的发挥。然而在导弹实际发射过程中，受战场复杂环境的影响，陀螺寻北仪会受到来自外界的各种干扰，比如：由于发射前准备时间有限，寻北仪的基座不能精确调平，或者由于车辆行驶造成的地基沉降，使基座出现倾斜；受发射车发动机组工作时产生的高频振动和大风、车辆及人员走动产生的低频振动的影响，寻北仪的基座会发生扰动[14]；环境温度发生较大变化时，基座上水准器气泡的移动会影响基座水平度的判断；陀螺的漂移[15]；准直精度误差、转位误差以及电动机转速误差等，这些干扰都会影响寻北仪的寻北精度，并且会对标定的射击方向以及导弹的瞄准定向带来较大的误差。因此，要想在复杂的野战环境下实现精确寻北，必须有效降低外界环境干扰对寻北精度的影响。同时，考虑到武器系统的机动性，在保证寻北精度的前提条件下还必须保证寻北时间满足战标要求，这也是需要解决的另一个重要问题[16-17]。

本书作者团队就是在该背景下，针对目前摆式陀螺寻北仪的环境适应性展开研究，目的是在外界复杂环境的干扰下保证寻北精度，并对以上的干扰和误差进行深入分析，在不影响寻北时间的条件下，采取相应的高精度的补偿措施，寻找提高陀螺寻北仪的环境适应能力和抗干扰能力并保证寻北精度的新方法。

1.3 国内外研究现状

1.3.1 国外情况

陀螺寻北技术和寻北方法一直是寻北定向领域研究的重要内容。在现代化战争中，陀螺寻北技术是确保武器系统快速、机动、精确打击的重要保障技术之一。目前，国际上许多发达国家均投入大量的人力、物力和财力研制和开发精度高、速度快、抗干扰能力强的寻北定向系统[18-19]。

利用陀螺仪指示方向最早是由法国物理学家 Leon Foucault 在 1852 年提出的。到了 20 世纪初期，各种型号的陀螺仪相继问世，如 1908 年德国的 Anschuz 型陀螺罗经、1911 年美国的 Sperry 型陀螺罗经、1916 年英国的 Brown 型陀螺罗经等。随着惯性测量技术理论的不断发展和完善，以及惯性测量元件在性能上的不断突破，到了 20 世纪 70 年代中期，惯性寻北技术在工程应用领域逐渐达到了比较成熟的阶段。美国、德国、日本和俄罗斯等发达国家先后研制出了高精度的惯性寻北装置，精度可以达到秒级，这些装置在工程实施（如矿山挖掘、油井钻探等领域）和战略导弹等武器系统的瞄准定位等方面得到了广泛的应用[20]。

德国的 Gyromat2000 摆式陀螺寻北仪，悬挂系统采用金属吊带，寻北时间为 12min，寻北精度可达 3.2″（1σ）。Gyromat2000 寻北时间短，寻北精度高，功能强大，但环境适应能力不强，对温度变化比较敏感，温度变化梯度超过 0.5℃/min 时，仪器便会自动停止工作[21]。

乌克兰的 GK-3 寻北仪属于基准级寻北仪，寻北时间在 2h~37min，常温室内且寻北时间在 2h 的条件下，寻北精度可达 1~3″（1σ），其悬挂系统采用磁悬浮技术。GK-30 寻北仪属苏联 SS-20 战略导弹的定向设备，全环境下精度（1σ）≤30″，寻北时间为 9min，可靠性高，抗振性能好，自动化程度较高。但该寻北仪无自准直功能，无法将寻到的北向直接传递给导弹，需要借助另一台设备传递北向，而且该设备体积笨重，搬运极其不便[22]。

美国的 MARCS 寻北仪悬挂系统采用金属吊带，寻北时间为 12min，精度为 5″（1σ），环境适用温度为-18~50℃，整机质量为 9.1kg，全自动操作，但该系统对环境温度变化比较敏感。

日本有多家公司也研制出了性能优良、精度较高的陀螺寻北仪，如日立电线（Hitachi Cable）、东京航空仪器（Tokyo Aircraft Instruments）等，但这些公司主要专注于光纤陀螺的实用化研究和生产[23]，并且开发出了大量低成本的中、低性能产品，在民用工程领域得到了广泛的应用[24]。

目前国际上陀螺寻北仪越来越向着全自动、高精度、抗干扰能力强、快速寻北的方向发展。

1.3.2 国内情况

陀螺寻北仪是寻北定向的理想设备，时间短，精度高，可以为武器系统（如导弹、雷达、火炮和发射车辆等）提供准确的方位基准，因此，在军事上的需求越来越迫切。同时，随着现代化建设的发展，陀螺寻北仪在许多民用工程领域也越来越展现出了广阔的应用前景，如隧道施工、矿山开采、大地测量、资源勘测等[25]。

在军事需求及工业需要的牵引下，目前我国许多科研院所和高校都在研制、生产陀螺寻北仪，如航天时代电子公司16所（西安）、航天科技集团15所（北京）、中船集团707所（天津）、总参测绘研究所、航天三院33所、803所、浙江大学、上海交通大学、西安交通大学、北京航空航天大学、北京理工大学等。经过多年的研究，我国的陀螺寻北仪技术取得了喜人的成果，近些年涌现出的寻北定向设备层出不穷。表1-1所列为国内外常见寻北仪的基本情况[8]。

但是局限于技术水平和工业基础条件的限制，目前只有少数几家技术比较成熟的单位生产的陀螺寻北仪可以用于武器系统高精度定向，主要有航天科技集团15所（北京）、航天时代电子公司16所（西安）、中船集团707所（天津）、总参测绘研究所等。

为了减小各种扰动对寻北精度的影响，提高寻北仪的环境适应能力，许多高校和科研院所的科研人员研究探索了多种技术方法。如西北工业大学的赵忠教授对基座晃动对动力调谐陀螺仪寻北精度的影响做了仿真分析，发现不管将基座的角晃动看成是正弦变化还是正弦衰减变化，都会严重影响陀螺寻北仪的寻北精度[26]；北京理工大学导航制导与控制专业的陈家斌教授和谢玲教授对寻北仪抗基座扰动有比较深入的研究，提出了基于3次B样条小波变换的寻北仪抗基座扰动研究[27]；国防科学技术大学的高伯龙院士和张梅教授提出以阻尼振荡为基础来研究激光陀螺的漂移[28]；天津大学刘鲁源教授提出了基于平稳小波变换的陀螺漂移建模[29]；天津大学的陈刚博士和张朝霞教授构建了小波域中值滤波器用于陀螺寻北仪数据处理方法，可以有效去除白噪声[30]；中北大学的李杰教授用模平方小波阈值法去除MEMS陀螺信号中的噪声[31]；哈尔滨工程大学的吴简彤教授和周雪梅老师提出一种改进的小波阈值法[32]，可以有效减少MEMS陀螺仪输出信号中的高频噪声，很好地抑制MEMS陀螺仪的随机漂移[33]。

为了减小高频扰动对寻北精度的影响,许多科研人员对陀螺输出信号进行低通滤波,而对于基座的倾斜误差,则是使用加速度计补偿基座水平姿态角变化,提高寻北系统抗基座扰动的能力[34]。

表 1-1 摆式陀螺寻北仪的国内外研究基本情况

名 称	国别或厂家	精度（1σ）	寻北时间/min	悬挂系统
MARCS	美国	5″	12	金属吊带
GYROMAT2000	德国	3.2″	12	金属吊带
MW77	德国 WBK	5″	10	金属吊带
NFM 指北装置	德国利顿公司	2′	2.4	动调陀螺
GI-011	匈牙利 MOM 光学厂	3″~5″	30	金属吊带
GK-30	乌克兰	30″	9	磁悬浮
GK-3	乌克兰	3″	37	磁悬浮
GS908	英国飞机公司	<3′	4	磁悬浮
GGI	瑞士 WILD	60″	2	金属吊带
GGI	瑞士 WILD	20″	20	金属吊带
1MZ2-15B	航天科技集团 15 所	22″	6	金属吊带
4M311-21C	中船集团 707 所	10″	12	金属吊带
TJ-93	中船集团 707 所	10″	15	金属吊带
AGT-1 陀螺指北仪	中船集团 707 所	60″	5	液浮
AGT-2 陀螺指北仪	中船集团 707 所	40″	5	液浮
ZBY-1	航天时代电子公司 16 所	15″	9.5	磁悬浮
TZB-2	航天时代电子公司 13 所	20″	12	金属吊带
TDJ83 陀螺指北仪	航天发射技术研究所	10″	20	金属吊带
TXC-1 自动寻北仪	航天发射技术研究所	20″	8	金属吊带
Y/JTG-1	测绘研究所	7″	20	金属吊带
JT15 寻北仪	徐州光学仪器厂	15″	25	金属吊带

针对提高寻北系统抗基座扰动的能力研究,虽然已有许多文章提出了一些不同的方法,但是大都局限于车载的捷联式寻北系统（如光纤陀螺仪、激光陀螺、动力调谐陀螺等）,而且主要研究如何消除高频扰动对寻北系统的影响[35]。而对于用于导弹瞄准定向的摆式陀螺寻北仪的抗基座扰动的研究却比较少,在实际战场环境中,基座扰动中包含有大量的低频噪声,使用滤波技术

往往得不到比较理想的效果[36]。此外，在野战环境中，摆式陀螺寻北仪的使用环境非常恶劣，除了基座会发生扰动，由于发射前准备时间有限，基座通常不能精确调平，出现基座倾斜，满载导弹的发射车经过时会引起地基沉降，也会影响基座的水平度，而温度发生剧烈变化时水准器气泡的变化以及陀螺的输出变化、转位误差、光电准直误差以及电动机转速误差等都会影响陀螺的输出[37]，进而影响寻北精度，这些影响对用于导弹瞄准定向的摆式陀螺寻北仪来说，并没有系统的研究[38-39]。

国内陀螺寻北仪研制生产存在的主要问题是，在精度和仪器的稳定性上没有国外同类产品好，抗干扰能力和环境适应能力也没有国外同类产品强。在2004年10月28日至2004年11月9日期间，火箭军工程大学科研部组织承办了由5家陀螺寻北仪生产单位参加的"国产陀螺寻北仪测试试验"，分别进行了室内外常温测试、振动干扰对寻北影响测试、运输试验测试、纬度变化对寻北影响测试、高低温测试、温度冲击对寻北影响测试等9个项目的测试，本次试验使作战部队对国产陀螺寻北仪的技术性能有了进一步的了解。

在这种大背景下，有必要对陀螺寻北仪的精度评价方法，尤其是寻北过程中各种干扰源对寻北输出的影响机理进行深入分析研究，并采取相应的误差补偿措施减小干扰，从而提高国产陀螺寻北仪的抗干扰能力、环境适应能力，使之能适合作战部队的作战使用要求，提高作战部队的作战反应时间、机动能力和生存能力，提高导弹部队的综合战力。

1.4　本书主要内容和结构安排

对于陀螺寻北仪来说，寻北的时间、精度、环境适应能力和抗干扰能力是寻北仪在使用中主要考虑的问题。本书研究的对象是用于导弹武器系统寻北定向的磁悬浮摆式陀螺寻北仪，研究适用于导弹武器系统寻北定向的陀螺寻北仪精度评价方法，分析影响磁悬浮摆式陀螺寻北仪寻北误差的各种因素，研究误差作用机理、滤除噪声的方法和相应的误差补偿技术，使磁悬浮摆式陀螺寻北仪在导弹发射阵地能够适应阵地恶劣的工作环境，提高陀螺寻北仪的环境适应能力和抗干扰能力。

传统的陀螺寻北仪精度评价方法，是不考虑测量次数的多少，均笼统地取一次定向观测的标准偏差 σ 的3倍为可信限。由数理统计基本知识可知，在测量次数较多的情况下，测量列可按正态分布考虑，可信限取 3σ 时，可靠性大于99%，但是当测量次数较少，特别是6次以下时，如果还按照正态分布考虑，取 3σ 为可信限，则可靠性就小于99%。为了保证寻北仪测量结果的可靠性，本文提出了基于 t 分布的陀螺寻北仪精度评价方法，试验表明，该方法可以提高陀螺寻北仪测量数据的可靠性。

磁悬浮陀螺寻北仪工作的前提条件是基座需要精确调平，否则，就会对寻北精度产生较大影响。目前的调平方法是根据安装在基座上的长水准器的指示，利用调平系统将水准器气泡调居中，就认为寻北仪基座是水平的。这种调平方法简单，很容易实现，但会受到长水准器的精度、安装误差、环境变化、温度变化、地表震动、发射时间限制以及操作人员熟练程度等许多因素的影响，使陀螺寻北仪基座在工作时有时处于倾斜状态。如何减小基座倾斜对寻北精度的影响是本书中研究的一项主要内容。

陀螺寻北仪一直对地表震动、阵风等外界干扰敏感，而在对导弹实施瞄准和发射时，陀螺寻北仪通常配置在导弹发射车上或发射车附近，发射车的发动机组工作时产生的高频振动，以及人员扰动和阵风引起的低频干扰不可避免地作用到陀螺寻北仪上，使寻北精度大大降低。分析外部环境扰动对寻北仪寻北精度的影响机理，建立扰动影响模型，并进行有效的误差补偿，减小外部环境扰动对寻北精度的影响，提高扰动环境下的环境适应能力，是本书研究的另一项主要内容。

对陀螺寻北仪输出信号的处理，根据不同的外界干扰采用不同的滤波方法。针对脉冲型噪声，提出了基于小波变换最值迭代滤除陀螺信号噪声的方法；针对发动机高频扰动，提出了基于最大类间方差法选择阈值降低陀螺信号噪声的方法；针对大风及人员走动引起的低频扰动，提出统计分段加权处理的方法滤除噪声。试验表明，这些方法都取得了较好的去除噪声的效果。

基于上述内容，本书结构安排如下。

第 1 章为绪论。介绍了本书的选题背景、研究目的和意义，陀螺寻北仪基本工作原理和国内外研究现状，并说明了本书研究的主要内容。

第 2 章为陀螺寻北仪的工作原理。介绍了吊带式和磁悬浮式陀螺寻北仪的基本结构和工作原理，引入了与寻北有关的空间坐标系，并介绍了摆式陀螺常用的寻北方法。

第 3 章为影响磁悬浮陀螺寻北仪寻北精度的各主要因素分析。首先介绍了传统的陀螺寻北仪精度评价方法，并针对用于导弹瞄准定向的陀螺寻北仪的实际使用情况，提出了基于 t 分布的精度评价方法，并主要从基座倾斜、基座扰动、准直误差、驱动机构转位误差 4 个方面分析了对寻北精度的影响，并简单分析了陀螺漂移、高低温变化、电机转速误差对寻北精度的影响。

第 4 章为基座倾斜对寻北精度的影响及补偿系统设计。首先分析了基座倾斜所引起的寻北误差，基于误差补偿公式，进行了基座倾角测量系统硬件和软件的设计，并对整个补偿系统进行了试验验证。

第 5 章为基座扰动对寻北精度的影响及相应的补偿措施。首先对扰动基座下寻北仪误差进行了分析，分别从扰动引起基座倾斜和基座产生角运动的角度分析，并提出了几种基座扰动的处理方法。

第 6 章为基于小波变换的陀螺寻北仪输出信号处理。在介绍小波变换基本理论的基础上，针对外界的脉冲型干扰，提出了采用小波变换最值迭代来滤除干扰，针对发动机等引起的高频干扰，提出了基于最大类间方差法选择阈值来滤除陀螺噪声；针对人员走动等低频干扰，提出了统计分段加权处理的方法滤除噪声。

第 7 章为陀螺寻北仪试验及分析。首先设计了寻北仪的试验方法，进行了无扰动情况下的寻北试验，并进行了汽车驶过、人员走动引起的低频干扰寻北试验以及发射车发动机组工作时引起的高频干扰寻北试验。并通过对采集数据的分析对比，验证了环境干扰对寻北精度的影响机理，并用第 6 章中介绍的相应的数据处理方法对陀螺输出数据进行滤波等处理，验证数据处理方法的实际效果。

第 2 章　陀螺寻北仪的工作原理

寻北用的陀螺仪结构形式有很多，主要有二自由度陀螺仪、单自由度陀螺仪、动调陀螺和悬挂式二自由度摆式陀螺仪（简称摆式陀螺仪）等。

二自由度陀螺仪用来寻北时，主要利用其在惯性空间指向不变的特征（定轴性），建立起基准，而通过传感器测出其相对当地水平面的表观运动角度，从而估计出参考方向的方位角而达到寻北目的。二自由度陀螺仪中，陀螺工作于静止基座上，处于自由状态，没有摆式陀螺中的悬挂装置与单自由度陀螺仪中的力反馈回路给陀螺转子带来的干扰，还可以通过多位置测量消除陀螺随机漂移的影响。由于是通过测量角度来估计地球自转角速度，因而要求测角分辨率高，线性度好，噪声低[40]。

单自由度陀螺仪也可用来寻北，将单自由度陀螺仪固定于地球，使陀螺转子轴只在水平面内转动，则地球自转所产生的惯性陀螺力矩会使陀螺转子轴向子午面趋近，从而寻北。在单自由度陀螺仪寻北系统中，只有干扰力矩小于陀螺力矩时，陀螺转子轴才能在子午线附近摆动，因此，在选择支承或悬挂方式时，要使干扰力矩远小于陀螺力矩。单自由度陀螺寻北系统一般采用步进寻北法或阻尼跟踪法寻北[41]。

动调陀螺仪体积小、成本低，常作为地速敏感元件构成捷联式寻北系统，此种寻北仪结构简单、启动快、功耗低，缺点是受到陀螺随机漂移的影响，精度较低。

悬挂式二自由度摆式陀螺仪是应用最广泛的陀螺寻北仪，其寻北原理如图 2-1 所示。陀螺仪的支撑点 O 与其重心 G 不重合，假设在起始时刻，陀螺转子轴动量矩 H_g 水平指向东，此时，重力通过陀螺仪的支撑点 O，重力不产生重力矩，陀螺不受外力矩作用，由于定轴性，陀螺转子轴动量矩 H_g 方向相对于惯性空间保持不变，始终水平指向东。由于地球在不停地自转，假设随着地球自转，当地的水平面转过了 β 角度，由于陀螺转子轴动量矩 H_g 的方向相对于惯性空间保持不变，而重力垂直于当地的水平面，此时，重力就不再通过陀螺仪的支撑点 O，重力就产生了重力矩 M_p，重力矩 M_p 指向北。由于进动性，陀螺在外力矩作用下要产生进动，根据动量矩定理，进动的方向是动量矩 H_g 以较小的角度趋向外力矩 M_p 的方向，陀螺转子轴就自动寻北了。到达北向后陀螺不会停下来，而是越过北继续向西摆动，摆到西面的逆转点又会向北摆动，到达北向后陀螺不会停下来，越过北继续向东摆动，摆到东面的逆转点又会向北摆动，……，陀螺绕着北向左右往复摆动，摆动的平衡位置就是北向[42]。

摆式陀螺仪是通过降低陀螺仪的重心，并借助地球自转产生北向重力矩，重力矩产生的进动和地球自转产生的相对运动的相互作用，使转子轴围绕子午线做椭圆周期运动。悬挂式二自由度摆式陀螺仪构成的寻北系统要达到较高的寻北精度，定向时间一般都比较长。

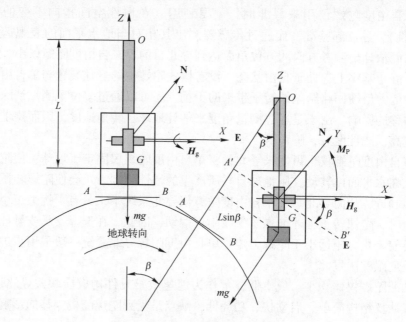

图 2-1 摆式陀螺仪的寻北原理

2.1 摆式陀螺寻北仪悬挂方式

摆式陀螺仪是应用最广泛的陀螺寻北仪，为了构成"摆"，必须要有悬挂系统，根据悬挂方式不同，主要有吊带式、磁悬浮式、气浮式等结构形式。

目前广泛应用的悬挂方式是吊带式，它结构简单，整机重量轻，寻北精度高。悬带是悬挂装置的重要元件，用来悬挂可动的陀螺敏感元件，承受其全部重量，因此，用作悬带的材料要求抗拉强度高、恒弹性和温度变化系数小。敏感元件在摆动的过程中，悬带将产生平衡的反作用力矩（扭力矩），消耗敏感元件的能量，一部分能量用以克服悬带内部纤维的摩擦，以热的方式消散在空气中，同时还有小部分能量消失于敏感元件在空气中摆动的摩擦，使摆动逐渐衰减。在满足陀螺仪工作要求的前提下，悬带的反作用力矩是越小越好。在截面积相同的情况下，矩形截面悬带的反作用力矩比圆形截面悬带的反作用力矩小得多，因此吊带式摆式陀螺仪几乎都使用矩形悬带，并可以保证被悬挂的敏感元件具有较好的平衡位置。吊带式陀螺寻北仪要达到较高的寻北精度，其运动周期通常较长，使得其定向速度较慢，不能满足快速定向和快速发射的要求[43]。

磁悬浮式悬挂系统是用电磁力使陀螺敏感元件悬浮于系统当中，是一种无摩擦、无磨损的悬挂方式，它没有机械吊带，因而吊带式悬挂系统中吊带结构特性变化和变形引起的零位变化对寻北的影响，在磁悬浮式悬挂系统中不存在。此外，它不是测量敏感元件的周期摆动来寻北的，而是通过测量指北反馈力矩来间接寻北的，寻北时间相比吊带式要短得多。但磁悬浮陀螺寻北仪必须在静基座条件下工作，且基座必须精确调平，否则会对寻北精度产生很大影响。因有磁浮回路在，所以使得磁悬浮式悬挂系统结构复杂，降低了可靠性[44]。

气浮式悬挂方式是靠气动的作用，将陀螺敏感元件悬浮于系统中，系统复杂，受环境扰动大，系统本身不够稳定，以前多见于低精度寻北系统中。

2.2　吊带式陀螺寻北仪的结构及寻北原理

2.2.1　吊带式陀螺寻北仪的结构

吊带式摆式陀螺仪的结构简图如图 2-2 所示，主要由经纬仪、陀螺罗盘及其连接部分构成。经纬仪和普通经纬仪一样，具有望远镜系统、轴系和制动微动机构、测角系统、调平系统等部分；陀螺罗盘主要是敏感元件系统，悬带挂在经纬仪的下部或上部，并有光学系统、机械结构和电气系统与经纬仪相连接成整台仪器。悬挂在经纬仪上部的陀螺罗盘称为上架式陀螺经纬仪，悬挂在经纬仪下部的陀螺罗盘称为下挂式陀螺经纬仪，下挂式陀螺经纬仪是目前高精度陀螺经纬仪的主要结构形式。

陀螺罗盘主要由陀螺敏感元件、悬挂系统、阻尼限幅装置、锁放机构、磁屏蔽层等组成。陀螺仪能自动寻北，主要是靠敏感元件，敏感元件是陀螺仪的心脏。为了保证测量精度，要求敏感元件的材料导热性要好、结构对称、质量分布均匀，重心通过竖轴线；陀螺马达房密封并充以气动阻力小、热容系数和热导率大的气体。阻尼限幅装置主要有机械摩擦阻尼限幅、液体阻尼限幅、电磁阻尼限幅等结构形式。磁屏蔽层主要为降低内外磁场对陀螺寻北产生的影响，保证了磁场环境下的寻北精度[45-46]。

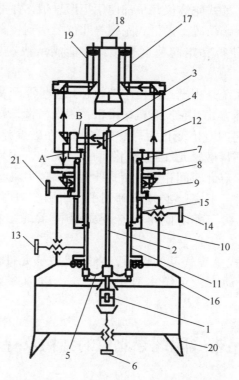

图 2-2　吊带式陀螺寻北仪的结构简图

1—灵敏部；2—主杆；3—悬带；4—平面反光镜；5—导流丝；6—锁紧机构；
7—经纬仪竖轴；8—经纬仪水平度盘；9—经纬仪竖轴套；10—跟踪系统轴套；
11—跟踪管；12—经纬仪照准部；13—固定手轮；14—转换手轮；15—制动块；
16—底座；17—经纬仪测角读数管；18—望远镜；19—自准直光学系统；20—脚架；
21—方位制动手轮。

敏感元件由灵敏部、悬挂装置，输电装置及平面反光镜等组成。

灵敏部 1 是由陀螺马达和陀螺房等构成的一个密封整体。敏感元件一般选用直流脉动马达或三相异步陀螺马达，在结构上它的定子在内，转子在外，还加有飞轮，以增加转子的转动惯量。陀螺房选用高导热性的材料，而且结构对

14

第2章 陀螺寻北仪的工作原理

称有利于散热,避免陀螺房内温度升高,使组合件内各零件之间出现温差,引起膨胀不均匀,导致敏感元件的重心偏移,影响寻北精度。

吊带式悬挂装置安装在灵敏部上,由主杆2、悬带3以及上、下悬带夹等组成。工作时,整个敏感元件就借助于金属悬带挂在经纬仪的上端,处于自由悬垂状态。主杆中部安装着输电装置,主杆上端安装着自准直光学系统的平面反光镜4,这样就可以借助于反光镜的法线方向来反映处于自由悬垂状态的敏感元件的摆动情况[23]。

悬带下端通过下带夹安装在下主杆上端。结构上保证悬带轴线与下带夹中心线重合。敏感元件的零位是:陀螺马达没有通电启动时,处于自由悬垂下的敏感元件,在悬带3和导流丝5的扭力矩作用下而自由摆动的平衡位置,即摆到平衡位置时,敏感元件所受的扭力矩为零,此位置称为扭力零位,简称零位。

锁紧机构6用于将敏感元件固定起来,使其不能运动。平时,敏感元件应处于锁紧状态;工作时,在陀螺马达启动之前、停止之前均应处于锁紧状态。目的是防止仪器在搬动、运输过程中,或者在陀螺马达启动、停止时,敏感元件做剧烈地摆动而损伤敏感元件的悬带3、导流丝5、平面反光镜4等。所以,在马达启动、停止之前,或者在仪器装箱之前,一定要检查敏感元件是否确实锁紧。

限幅器是限制悬垂状态的敏感元件左右摆动的幅度。敏感元件在陀螺马达启动,或没有通电启动的情况下,由锁紧状态下放转为悬垂状态时,由于陀螺马达具有的特性,敏感元件要向子午面进动,造成左右摆动,即使马达没有通电,处于悬垂状态下也会摆动。而且开始时摆幅都比较大,不利于观测。所以,必须将其摆幅限制在要求的范围内。限幅方法,一般有手动机械阻尼限幅、手指直接限幅、电磁阻尼限幅、油液阻尼限幅[23]。

陀螺仪灵敏部中各零部件难免有铁磁物质,如马达轴和轴承都是钢质的。当铁磁物质位于磁场中时,必将因其磁化而具有磁性。此外,马达转子在磁场中旋转时,在由金属制成的转子中将感应出涡流,此涡流形成自己的磁场。地球磁场和陀螺仪附近的电气设备产生的外磁场,与陀螺灵敏部上的磁性材料或磁场互相作用,将产生磁性力矩,使陀螺仪的指向产生误差。所以,必须设法排除磁性力矩的干扰,除尽量避免选用磁性材料制造仪器零件外,有效的方法就是在陀螺灵敏部周围安装高导磁率材料制成的磁屏蔽罩,用以隔绝外磁场,有效地降低磁性力矩。

经纬仪和陀螺仪之间的联系装置主要有机械联系、光学联系和电气联系。

经纬仪竖轴 7 的下端安装在跟踪系统轴套 10 中，通过安装在底座上的跟踪系统将经纬仪竖轴 7 与陀螺仪的敏感元件建立了机械联系，使经纬仪可以跟踪陀螺仪的进动。为了保证敏感元件在进动中不受或少受悬带 3 和导流丝 5 扭力矩的影响，固定悬带 3 和导流丝 5 的跟踪管 11 要随经纬仪照准部 12 同步跟踪。跟踪系统主要由跟踪管 11 和转换机构组成。当经纬仪装箱或测水平角时（不寻北），通过旋紧固定手轮 13 将跟踪管 11 制动在底座 16 上，当需要跟踪管 11 随同经纬仪照准部 12 同步转动时（寻北），先旋松固定手轮 13，再旋紧转换手轮 14，推动制动块 15，使跟踪管 11 与经纬仪竖轴 7 固联在一起[47]。

通过经纬仪照准部 12 上的自准直光学系统 19 与敏感元件上的平面镜 4 建立了光学联系，可以从自准直光管内观测陀螺马达的摆动情况，并将摆动的逆转点反映到经纬仪水平度盘 8 上。由此便可以测得摆动的平衡位置——真北方向在水平度盘 8 上的方向值。自准直光学系统是陀螺仪与经纬仪之间联系的重要桥梁[23]。

通过导电环、导流丝，将固定在底座上的输电电路与敏感元件建立了电气联系，可以给马达供电。

2.2.2 吊带式陀螺寻北仪的寻北原理

在轴承摩擦与外界干扰下，陀螺转子轴绕子午面左右摆动的振幅是不断减小的。如果通过自准直光管和读数管观测到各逆转点对应于水平度盘上的读数为：u_1，u_2，u_3，$\cdots$，u_{n-1}，u_n，如图 2-3 所示，考虑到它是衰减摆动，取相邻 3 个逆转点的读数可计算一个摆幅中点的度数 N_i，称它为舒勒平均值，计算出各平衡位置的度数[23]为

$$\begin{cases} N_1 = \dfrac{u_1 + 2u_2 + u_3}{4} \\ N_2 = \dfrac{u_2 + 2u_3 + u_4}{4} \\ \quad \vdots \\ N_{n-2} = \dfrac{u_{n-2} + 2u_{n-1} + u_n}{4} \end{cases} \tag{2-1}$$

再取其平均值，即可得到陀螺北向所对应于水平度盘上的读数值为

$$N_{\text{中}} = \sum_{i=1}^{n-2} \dfrac{N_i}{n-2} \tag{2-2}$$

第 2 章 陀螺寻北仪的工作原理

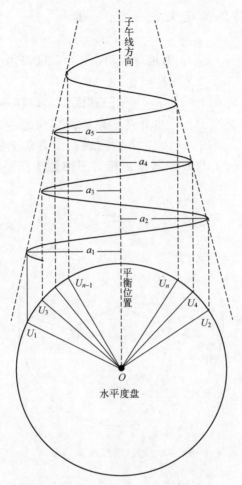

图 2-3 逆转点在水平度盘上的投影

2.3 磁悬浮陀螺寻北仪的结构及寻北原理

为了准确描述磁悬浮陀螺寻北仪的陀螺寻北原理，下面介绍分析寻北原理必然用到的空间坐标系。

2.3.1 空间坐标系

（1）惯性坐标系 $o_i x_i y_i z_i$。惯性坐标系 $o_i x_i y_i z_i$ 的原点 o_i 取在地心，3 个坐标轴相对于恒星无转动，其中 x_i 轴在赤道面内，指向春分点，z_i 轴垂直于赤道面，与地球自转角速度矢量一致，y_i 轴与 x_i、z_i 轴构成右手直角坐标系[27]。

在惯性坐标系 $o_i x_i y_i z_i$ 中，看地球运动，其角速度 Ω 可表示为

$$\boldsymbol{\Omega}_{\mathrm{ie}}^{\mathrm{i}} = \begin{bmatrix} 0 & 0 & \omega_{\mathrm{ie}} \end{bmatrix}^{\mathrm{T}} \tag{2-3}$$

（2）地球（固联）坐标系 $o_e x_e y_e z_e$。其原点 o_e 取在地心；x_e 轴在赤道平面与起始子午面的交线上；z_e 轴垂直于赤道面，与地球自转角速度矢量一致；y_e 轴也在赤道平面内并与 x_e、z_e 轴构成右手直角坐标系，如图 2-4 所示。地球坐标系 $o_e x_e y_e z_e$ 与地球固连，相对于惯性坐标系 $o_i x_i y_i z_i$ 绕 z_i 轴以角速度 ω_{ie} 转动。

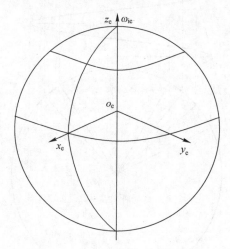

图 2-4 地球坐标系 $o_e x_e y_e z_e$

从惯性坐标系 $o_i x_i y_i z_i$ 到地球坐标系 $o_e x_e y_e z_e$ 的坐标变换矩阵为

$$\boldsymbol{C}_{\mathrm{i}}^{\mathrm{e}} = \begin{bmatrix} \cos\omega_{\mathrm{ie}}t & \sin\omega_{\mathrm{ie}}t & 0 \\ -\sin\omega_{\mathrm{ie}}t & \cos\omega_{\mathrm{ie}}t & 0 \\ 0 & 0 & 1 \end{bmatrix} \tag{2-4}$$

（3）（当地）地理坐标系 $o_n x_n y_n z_n$[27]。取为"东、北、天"坐标系，即原点 o_n 位于寻北仪架设所在的点；x_n 轴沿当地纬线指东，y_n 轴沿当地子午线指北，z_n 轴沿当地地理垂线指上并与 x_n、y_n 轴构成右手直角坐标系。其中 x_n 轴与 y_n 轴构成的平面即为当地水平面，y_n 轴与 z_n 轴构成的平面即为当地子午面，所谓"寻北"即是确定子午面位置，如图 2-5 所示。地球上某点的地理坐标系 $o_n x_n y_n z_n$ 与地球坐标系 $o_e x_e y_e z_e$ 之间的关系如图 2-6 所示。

第2章 陀螺寻北仪的工作原理

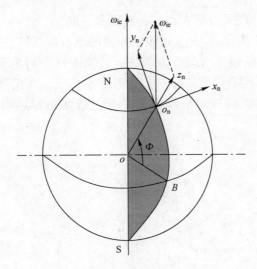

图 2-5 地理坐标系 $o_n x_n y_n z_n$

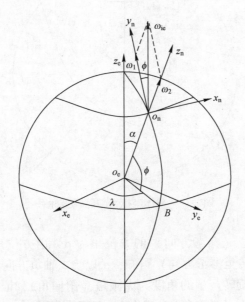

图 2-6 地表某点地球系 $o_e x_e y_e z_e$ 与地理系 $o_n x_n y_n z_n$ 的关系

从惯性坐标系 $o_i x_i y_i z_i$ 到地理坐标系 $o_n x_n y_n z_n$ 的坐标变换矩阵为

$$C_i^n = \begin{bmatrix} -\sin\lambda & \cos\lambda & 0 \\ -\sin\phi\cos\lambda & -\sin\phi\sin\lambda & \cos\phi \\ \cos\phi\cos\lambda & \cos\phi\sin\lambda & \sin\phi \end{bmatrix} \quad (2-5)$$

19

式中：λ，ϕ 为寻北仪架设所在点 o_n 的经度和纬度。

（4）载体坐标系 $o_b x_b y_b z_b$。载体坐标系的原点取在敏感元件的悬挂中心；z_b 轴为陀螺寻北仪纵轴，指向上方为正；y_b 轴平行于测角系统零位方向；x_b 轴与 y_b、z_b 轴构成右手直角坐标系，如图 2-7 所示。当仪器精确调平时，载体坐标系的 $x_b o_b y_b$ 平面与当地水平面平行，载体坐标系随着壳体的变化而变化[48]。

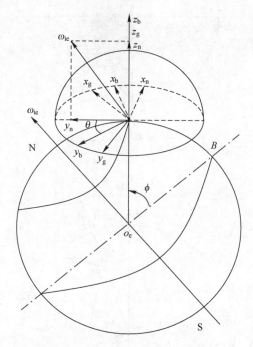

图 2-7 载体坐标系与陀螺坐标系

设载体测角零位（参考方向）的方位角为 α，由方位角定义（以正北为起始方向，顺时针转至参考方向）可知，α 以绕 z_b 轴负方向旋转为正。载体没有调平时，绕 x_b 轴旋转产生的角度为纵倾角（俯仰角），记作 θ，绕 y_b 轴旋转产生的角度为横倾角（横滚角），记作 γ，正负号规定为：产生倾角的旋转方向与坐标轴指向相同时，为正，否则取负，即参考方向冲北时，载体北高南低纵倾角 θ 为正，西高东低横倾角 γ 为正。则由地理坐标系 $o_n x_n y_n z_n$ 到载体坐标系 $o_b x_b y_b z_b$ 的转换关系 $\boldsymbol{C}_n^b$ 表示为[15]

$$C_n^b = \begin{bmatrix} \cos\gamma & 0 & -\sin\gamma \\ 0 & 1 & 0 \\ \sin\gamma & 0 & \cos\gamma \end{bmatrix} \begin{bmatrix} 1 & 0 & 0 \\ 0 & \cos\theta & \sin\theta \\ 0 & -\sin\theta & \cos\theta \end{bmatrix} \begin{bmatrix} \cos\alpha & -\sin\alpha & 0 \\ \sin\alpha & \cos\alpha & 0 \\ 0 & 0 & 1 \end{bmatrix}$$

$$= \begin{bmatrix} \cos\gamma\cos\alpha+\sin\gamma\sin\theta\sin\alpha & -\cos\gamma\sin\alpha+\sin\gamma\sin\theta\cos\alpha & -\sin\gamma\cos\theta \\ \cos\theta\sin\alpha & \cos\theta\cos\alpha & \sin\theta \\ \sin\gamma\cos\alpha-\cos\gamma\sin\theta\sin\alpha & -\sin\gamma\sin\alpha-\cos\gamma\sin\theta\cos\alpha & \cos\theta\cos\gamma \end{bmatrix}$$

(2-6)

在使用时,仪器一般情况下是精确调平的,即载体坐标系的 $x_b o_b y_b$ 平面与当地水平面平行,即载体坐标系的 x_b、y_b 轴均在水平面内,γ 和 θ 为 0。

(5) 陀螺坐标系 $o_g x_g y_g z_g$。陀螺仪在惯性空间的运动用陀螺坐标系的运动角速度变化来描述。陀螺坐标系的原点 o_g 取在敏感元件的悬挂中心;y_g 轴与陀螺自转轴重合,方向指向角动量方向;z_g 轴是转子中心与回转中心连线方向,指向上方为正;x_g 轴平行于赤道平面并与 y_g、z_g 轴构成右手直角坐标系[27],如图 2-7 所示,陀螺坐标系随着陀螺仪的运动而变化。

由于陀螺灵敏部上部受球头衔铁及底部磁悬浮轴承的限制,在寻北过程中,受到力矩器施加的阻尼力矩的驱动,陀螺坐标系 $o_g x_g y_g z_g$ 只相对载体坐标系 $o_b x_b y_b z_b$ 的 z_b 转动,且通过力矩反馈电路尽可能使 y_g 轴指向光学传感器准直零位,假设陀螺坐标系 $o_g x_g y_g z_g$ 相对载体坐标系 $o_b x_b y_b z_b$ 的转角为 B,以绕 z_g 负方向转动为正,则由载体坐标系 $o_b x_b y_b z_b$ 到陀螺坐标系 $o_g x_g y_g z_g$ 的坐标变换矩阵为[49]

$$C_b^g = \begin{bmatrix} \cos B & -\sin B & 0 \\ \sin B & \cos B & 0 \\ 0 & 0 & 1 \end{bmatrix} \tag{2-7}$$

则在陀螺坐标系中地球自转角速率分量为[3]

$$\Omega_{ie}^g = C_b^g C_n^b C_s^n C_i^s \Omega_{is}^i = C_b^g C_n^b [0 \quad \omega_{is}\cos\phi \quad \omega_{is}\sin\phi]^T \tag{2-8}$$

2.3.2 磁悬浮陀螺寻北仪的寻北原理

磁悬浮陀螺寻北仪结构原理如图 2-8 所示。

磁悬浮陀螺寻北仪主要由供电单元、运算处理单元、陀螺敏感元件、陀螺电机稳速控制系统、磁悬浮控制系统、力矩反馈控制系统、A/D 采样系统、随动壳体驱动系统、准直测量系统、精密回转角测量系统等组成。

从结构上看,磁悬浮陀螺寻北仪结构分外、中、内 3 层,最外面一层是本体壳体,寻北仪工作时,本体壳体放置在三脚架上与地球相对固联,上部固定有对导弹实施方位瞄准的瞄准设备——准直经纬仪(结构组成与图 2-2 相似），在准直经纬仪与寻北仪装配完成后，准直经纬仪测角系统的零位与外层壳体 1 呈固定位置关系。外层壳体 1 上有一参考方向并作有箭头标记，架设陀螺寻北仪时将此箭头标记应大概冲北。外层壳体 1 的参考方向与经纬仪测角系统的零位呈固定角度关系，这说明如果测量出外层壳体 1 的参考方向与北向的夹角，也就等于知道了经纬仪测角系统的零位与北向的夹角[50]。

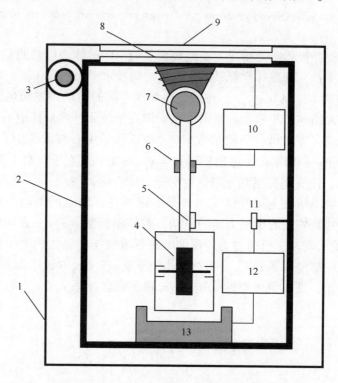

图 2-8　磁悬浮陀螺寻北仪结构原理

1—外层壳体；2—随动壳体；3—驱动机构；4—陀螺房；5—反光镜；
6—传感器；7—球头衔铁；8—测角系统转子；9—测角系统定子；10 磁浮控制电路；
11—光学传感器；12—力矩反馈控制 A/D；13—阻尼器。

中间层为随动壳体 2，随动壳体是指在驱动机构 3 的驱动下，可相对外层壳体 1 转动，外层壳体 1 上固定测角系统定子 9，随动壳体 2 上固定测角系统转子 8，当随动壳体 2 相对外层壳体 1 转动时，转过的角度可由高精度测角系统测量出来。随动壳体 2 相对外层壳体 1 转动的角度的精度与随动壳体驱动精细度有关，而对转过角度的测量精度与测角系统精度有关。

第2章 陀螺寻北仪的工作原理

最内层就是陀螺灵敏部，是陀螺寻北仪的敏感器件，是整个仪器的核心部件。敏感元件的上部分为球头衔铁 7（软磁性材料浮球），下部分是陀螺房 4，在随动壳体 2 上有固定线圈，磁悬浮线圈通电后，敏感元件顶部的球头衔铁 7 将受到竖直向上的磁力吸引，并带动敏感元件克服其重力向上运动；同时，位置传感器 6 将敏感其上浮的位置并产生相应交流信号，此信号经放大解调后，经磁浮控制电路 10 控制磁悬浮线圈中的电流，从而构成磁悬浮反馈系统；最终使敏感元件所受磁悬浮的吸力与其重力平衡，并悬浮于平衡位置。敏感元件在悬浮状态时，在指北力矩的作用下相对随动壳体 2 可以有小范围转动。在敏感元件的球头衔铁 7 和陀螺房 4 中间的连杆上有一平面反光镜 5，在安装时使平面反光镜 5 的法线方向与陀螺主轴方向一致，在随动壳体 2 内侧安装有自准直系统的光电传感器 11，当光线经平面反光镜反射以后是原路返回时，即达到准直状态，自准直系统的光电传感器输出为 0，则说明光电传感器的零位即为当前陀螺主轴的位置，借助光电准直系统来反映陀螺主轴的位置。

在随动壳体 2 和敏感元件底部分别装有阻尼器 13 的定转子，构成力反馈平衡回路。当处于悬浮状态的敏感元件在指北力矩的作用下相对随动壳体产生进动时，力矩反馈平衡回路产生与陀螺力矩反向的平衡力矩（阻尼器可施加外力矩，使之与指北力矩平衡），通过改变阻尼力矩器的施矩电流，改变力矩器输出，使敏感元件相对随动壳体不能进动，即使敏感元件稳定在自准直系统的指定位置，当自准直后，敏感元件与随动壳体呈相对固定状态，通过检测反馈力矩的量值解算出陀螺主轴与子午面的夹角。而陀螺主轴与随动壳体的参考方向之间是固定的位置关系，随动壳体相对于外层壳体转过的角度可以由高精度测角系统测量出来，外层壳体的参考方向与经纬仪测角系统的零位又是固定角度关系。

这样经过随动壳体的过渡，最终使敏感元件陀螺主轴与外层壳体上经纬仪测角系统零位呈相对固定状态，这两个方向之间的夹角不变，知道任一方向的方位角（与真北方向的夹角），就可获得另一方向的方位角（与北的夹角）。实际上，如果已知经纬仪零位的方位角，就可测定陀螺主轴的方位角，这就是仪器常数标定过程，如果通过测量力矩器电流获得陀螺主轴与北的夹角，加上仪器常数的修正，就可以获知经纬仪测角系统零位的方位角，这就是寻北过程[51-52]。

寻北仪是利用陀螺仪敏感地球自转角速度分量，并由此计算出外层壳体参考方向与真北方向的夹角，进而获知经纬仪测角系统零位与真北方向的夹角[53]。陀螺仪在寻北过程中，受到陀螺漂移和外界环境随机干扰，将会造成寻北精度降低[54]。

磁悬浮寻北仪采用二位置寻北方案，利用在相差180°的两点上采样相互抵消陀螺常值漂移的方法来抑制陀螺随机漂移影响[55]。

假设在地球上经度为 λ ，纬度为 ϕ 的一点 o 处与地球相对固联放置一台磁悬浮陀螺寻北仪，由磁悬浮陀螺寻北仪的结构和工作过程可知，在精寻北第一位置时，知道陀螺坐标系 $o_g x_g y_g z_g$ 与载体坐标系 $o_b x_b y_b z_b$ 重合[56]，如图2-9所示，即陀螺坐标系 $o_g x_g y_g z_g$ 相对载体坐标系 $o_b x_b y_b z_b$ 的 z_b 轴转角 $B=0$ ，根据式（2-7），此时载体坐标系 $o_b x_b y_b z_b$ 到陀螺坐标系 $o_g x_g y_g z_g$ 的坐标变换矩阵为[57]

$$C_b^g(1) = \begin{bmatrix} \cos 0 & -\sin 0 & 0 \\ \sin 0 & \cos 0 & 0 \\ 0 & 0 & 1 \end{bmatrix} = \begin{bmatrix} 1 & 0 & 0 \\ 0 & 1 & 0 \\ 0 & 0 & 1 \end{bmatrix} \tag{2-9}$$

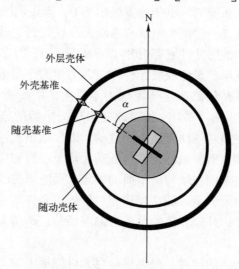

图2-9 寻北第一位置

将 $C_b^g(1)$ 和式（2-6）中的 C_n^b 代入式（2-8）可求出第一位置陀螺坐标系中地球自转角速率分量为

$$\boldsymbol{\Omega}_{ie}^g(1) = \begin{bmatrix} \omega_{ie} \cdot \cos\phi \sin\alpha \\ \omega_{ie} \cdot \cos\phi \cos\alpha \\ \omega_{ie} \cdot \sin\phi \end{bmatrix} \tag{2-10}$$

则陀螺 x_g 轴和 y_g 轴上的输出分别为

$$\begin{cases} \omega_{iex}^g(1) = \omega_{ie} \cdot \cos\phi \sin\alpha + \varepsilon_x + \varepsilon_x(1) \\ \omega_{iey}^g(1) = \omega_{ie} \cdot \cos\phi \cos\alpha + \varepsilon_y + \varepsilon_y(1) \end{cases} \tag{2-11}$$

第2章 陀螺寻北仪的工作原理

式中：$\omega_{iex}^g(1)$，$\omega_{iey}^g(1)$ 为陀螺 x_g 轴和 y_g 轴在第一位置的输出；ϕ 为寻北仪架设点的纬度；α 为陀螺主轴与子午面的夹角；ε_x，ε_y 为陀螺 x_g 轴和 y_g 轴上的常值漂移；$\varepsilon_x(1)$，$\varepsilon_y(1)$ 为陀螺 x_g 轴和 y_g 轴在第一位置的随机漂移。

因为陀螺敏感轴上有输入，所以陀螺敏感元件会产生进动力矩，忽略随机漂移 $\varepsilon_x(1)$ 的影响，为了保持平衡，使陀螺主轴指向随动壳体参考位置不动，力矩阻尼器在第一位置处的输出力矩应为

$$M(1) = K_f I_{d1} I_{z1} = H_g(\omega_{ie} \cdot \cos\phi\sin\alpha + \varepsilon_x) \tag{2-12}$$

式中：K_f 为力矩器的力矩系数；I_{d1}，I_{z1} 分别为力矩阻尼器在第一位置时的定、转子采样电流；H_g 为陀螺动量矩。

当寻北仪在第一位置对敏感器件输出采样完成后，由转动机构带动陀螺组件旋转 180°，陀螺坐标系 $o_g x_g y_g z_g$ 相对载体坐标系 $o_b x_b y_b z_b$ 有绕 z_b 轴的夹角 $B = \pi$，如图 2-10 所示，此时，第二位置的变换关系矩阵 $C_b^g(2)$ 为

$$C_b^g(2) = \begin{bmatrix} \cos\pi & -\sin\pi & 0 \\ \sin\pi & \cos\pi & 0 \\ 0 & 0 & 1 \end{bmatrix} = \begin{bmatrix} -1 & 0 & 0 \\ 0 & -1 & 0 \\ 0 & 0 & 1 \end{bmatrix} \tag{2-13}$$

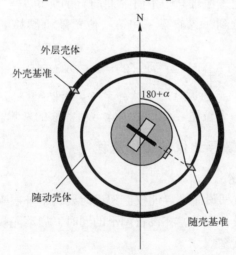

图 2-10 寻北第二位置

将 $C_b^g(2)$ 和式（2-6）中的 C_n^b 代入式（2-8）可求出第二位置陀螺坐标系中地球自转角速率分量为

$$\boldsymbol{\Omega}_{ie}^g(2) = \begin{bmatrix} -\omega_{ie} \cdot \cos\phi\sin\alpha \\ -\omega_{ie} \cdot \cos\phi\cos\alpha \\ \omega_{ie} \cdot \sin\phi \end{bmatrix} \tag{2-14}$$

则陀螺 x_g 轴和 y_g 轴上的输出分别为

$$\begin{cases} \omega_{iex}^g(2) = -\omega_{ie} \cdot \cos\phi\sin\alpha + \varepsilon_x + \varepsilon_x(2) \\ \omega_{iey}^g(2) = -\omega_{ie} \cdot \cos\phi\cos\alpha + \varepsilon_y + \varepsilon_y(2) \end{cases} \quad (2-15)$$

式中：$\omega_{iex}^g(2)$，$\omega_{iey}^g(2)$ 为陀螺 x_g 轴和 y_g 轴在第二位置的输出；$\varepsilon_x(2)$，$\varepsilon_y(2)$ 为陀螺 x_g 轴和 y_g 轴在第二位置的随机漂移。

同样的道理，忽略第二位置随机漂移的影响，力矩阻尼器在第二位置的输出力矩应为

$$M(2) = K_f I_{d2} I_{z2} = H_g(-\omega_{ie} \cdot \cos\phi\sin\alpha + \varepsilon_x) \quad (2-16)$$

式中：I_{d2}，I_{z2} 分别为力矩阻尼器在第二位置时的定、转子采样电流。

式（2-12）减去式（2-16），得

$$\alpha = \arcsin\left(\frac{I_{d1}I_{z1} - I_{d2}I_{z2}}{2K \cdot \omega_{ie} \cdot \cos\phi}\right) \quad (2-17)$$

式中：K 为陀螺寻北仪的定向系数，是与力矩器的力矩系数 K_f、陀螺动量矩 H_g 和采样电路放大倍数有关的常数，整机装配完成后可实测标定，式（2-17）中计算出的 α 就是陀螺主轴与子午面（北向）的夹角。

同时也应该注意到，忽略第一和第二位置随机漂移的影响，式（2-11）减去式（2-15），得

$$\begin{cases} \omega_{iex}^g(1) - \omega_{iex}^g(2) = 2\omega_{ie}\cos\phi\sin\alpha \\ \omega_{iey}^g(1) - \omega_{iey}^g(2) = 2\omega_{ie}\cos\phi\cos\alpha \end{cases} \quad (2-18)$$

即采用对径 180° 的两个位置寻北可以消除常值漂移的影响。

2.3.3 磁悬浮陀螺寻北仪的工作流程

1. 架设展开仪器

选一个稳固地点架设陀螺寻北仪，架设时要将最外层壳体上的箭头标记大概指北，然后进行设备调平，在设备调平的同时，启动陀螺马达。在调平结束后输入测量点的纬度参数。

2. 粗寻北

当陀螺马达经电机稳速控制系统启动至规定转速并稳速后，在随动壳体驱动机构驱动下，转动随动壳体到与外层壳体相对固定的位置，这时测角系统给出的角度应该是固定值 10°，这就是第一位置。随动壳体转到位后，给磁悬浮线圈通电，敏感元件顶部的球头衔铁受到磁力吸引，带动敏感元件向上运动，位置传感器敏感其上浮的位置，经磁浮控制电路，控制磁悬浮线圈中的电流，构成磁悬浮反馈系统，最终使敏感元件所受磁悬浮吸力与重力平衡，并悬浮于

平衡位置。敏感元件悬浮后，受地球自转影响而产生进动，进动力矩与陀螺主轴和北向夹角的正弦值成比例。通过敏感元件下方的力矩阻尼器施加与陀螺力矩反向的阻尼力矩，并由光学传感器敏感陀螺主轴的位置，经力矩反馈控制电路，改变力矩阻尼器电流的大小，使阻尼力矩与陀螺力矩大小相等，从而使陀螺主轴指向随动壳体参考位置不动，然后通过 A/D 采样检测力矩阻尼电流的大小，间接解算出陀螺主轴与子午面的夹角，这就是粗寻北结果。

粗寻北结果出来后，敏感元件落下。根据粗寻北结果，随动壳体在其驱动系统的作用下转动，带动陀螺主轴逼近真北，转动到位后就是寻北过程的第二个位置，也是精寻北过程的第一个位置。

3. 精寻北

在精寻北第一位置，同样经过敏感元件起浮、阻尼力矩反馈控制、A/D 采样和敏感元件落下等过程，然后随动壳体在其驱动系统的作用下再转动 180°，到精寻北第二位置，同样再经过敏感元件起浮、阻尼力矩反馈控制、A/D 采样和敏感元件落下等过程，根据精寻北的两次 A/D 采样结果和控制器所建立的数据处理模型，计算出精寻北第二位置时陀螺主轴与真北的夹角。因为每一位置陀螺主轴与随动壳体的位置是固定的，而随动壳体可由随动壳体驱动机构带动相对外层壳体旋转，随动壳体参考位置与外层壳体最终的参考基准方向之间的夹角可由高精度测角系统给出，这样知道了陀螺主轴与真北的夹角、测角系统给出的随动壳体位置角度，再考虑到仪器常数，最终计算外层壳体上参考基准方向与北向之间的方位角，得出寻北结果。

2.4 摆式陀螺常用的寻北方法

在陀螺仪寻北时，理论上陀螺主轴是以天文子午面为中心左右摆动，考虑空气阻尼影响时，主轴极点的运动轨迹为按指数规律衰减的正弦曲线，通过确定陀螺主轴的摆动中心便可得到陀螺北，再用仪器常数进行修正，便可得到真北方向。

常用的确定陀螺主轴摆动中心进而确定北向的方法主要有跟踪逆转点法、中天法、步进寻北法、积分法、时差法和阻尼跟踪法等，下面分别介绍[58-59]。

2.4.1 跟踪逆转点法

跟踪逆转点法是陀螺仪寻北的基本测量方法。在不考虑陀螺重心漂移的情况下，德国学者 W. F. Caspary 给出了陀螺摆动的基本模型[60]。

$$\alpha(t) = N_T + F \cdot \sin\left[\frac{2\pi}{T}(t-t_0)\right] \cdot e^{-\eta(t-t_0)} \tag{2-19}$$

式中：$\alpha(t)$ 为陀螺摆幅；N_T 为陀螺北向值；F 为陀螺初始摆幅；η 为阻尼因子；T 为摆动周期；t_0 为初始时间常数。

在采用跟踪逆转点法观测中，在逆转点，有

$$\sin\left[\frac{2\pi}{T}(t-t_0)\right]=\pm 1 \qquad (2-20)$$

设 $u_i(i=1,2,\cdots,n)$ 为第 i 个逆转点观测值，则得逆转点处的陀螺摆动方程为[61]

$$u_i = N_T + (-1)^{i-1} \cdot F \cdot e^{-\frac{(i-1)}{2} \cdot \eta \cdot T} \qquad (2-21)$$

在采用跟踪逆转点法进行观测时，逆转点处的陀螺摆动为负指数型衰减。观测到多个逆转点数据后，可以根据 3 个模型解算出 N_T，这 3 个模型分别为舒勒均值模型、相关平差法模型、托马斯均值模型。三模型的区别是：舒勒平均值模型为线性衰减下的分段拟合；相关平差法模型是线性衰减下的整体拟合，并采用了严密的最小二乘相关平差，从模型求解上是严密的；而托马斯模型则是负指数型衰减的近似拟合模型。

跟踪逆转点法寻北测量系统基本结构如图 2-11 所示，基座通过三脚架放

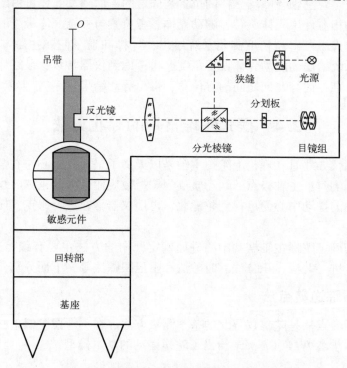

图 2-11 跟踪逆转点法寻北测量系统基本结构

置在地面上，陀螺敏感元件及其光学系统固定在回转部上，回转部相对基座可转动，转动的角度可通过回转部的测角系统测量出来。回转部转动时，带动敏感元件悬挂支点 O 及附属光学系统转动。

光源发出的光经聚光镜会聚，照亮狭缝分划板，其透光部分经物镜出射，照到陀螺敏感元件的平面镜上，当陀螺敏感元件摆动时，经平面镜反射后的光也随之摆动，并经物镜成像在目视分划板上，利用目视分划板上的刻度，就可敏感陀螺敏感元件摆动的位置。

旋转回转部进行跟踪，从目镜中观察被平面镜反射并成像在目视分划上的狭缝的光标像，使光标像始终与分划板零刻线重合，达到跟踪目的，当跟踪到逆转点（左右极限位置）时，迅速地把逆转点对应在经纬仪水平度盘上的示值记下来。然后向相反的方向继续跟踪，依次连续观测多个（至少两个）逆转点，从而确定陀螺北。图 2-12 为采用跟踪逆转点法的某型号陀螺寻北仪。

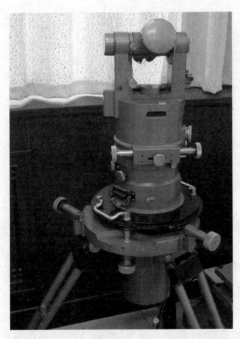

图 2-12 采用跟踪逆转点法的寻北仪

测量人员通过跟踪观测陀螺摆运动的多个逆转点确定出陀螺北，这种方法对操作手要求严格，操作手在操作时，眼睛容易疲劳，在观测过程中容易受到外界来往人员和其他突发因素的干扰，所需寻北时间长，在光学系统和读数系统的加工安装精度较高的前提条件下，可以达到较高的寻北精度。跟踪逆转点法适合对测量时间要求不高的场合。用这种方法寻北的陀螺经纬仪，寻北时间30~50min，寻北精度±10″~60″。

2.4.2 中天法

陀螺的运动方程在理想条件下是正弦曲线或衰减的正弦曲线，摆式陀螺寻北的很多方法都是以正弦曲线或衰减的正弦曲线为依据推导出来的。摆式陀螺运动轨迹的数学模型一般很难精确得到，实际采用的寻北数学模型往往通过实践进行了简化。

设陀螺的摆动规律可表示为

$$\alpha(t) = -F\sin[(t-t_0)2\pi/T] \tag{2-22}$$

式中：F 为陀螺初始摆幅；T 为陀螺摆动周期；t_0 为陀螺摆动初始时刻。

中天法原理图如图 2-13 所示。

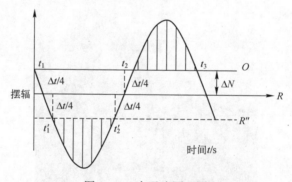

图 2-13 中天法原理图

图中，R 为陀螺摆动的平衡位置（陀螺北向），O 为陀螺寻北仪水平度盘零刻线的位置，该位置偏离摆动的平衡位置 R 的角度为 ΔN，显然 ΔN 就是水平度盘零刻线与陀螺北向的夹角，知道了 ΔN 也就可以推算出北向。t_1，t_2，t_3 为运动曲线与零刻线 O 相交的时间坐标，称为中天时间，这些点称为中天点，以陀螺摆动的平衡位置 R 为对称轴作零刻线 O 的对称线，记为 R''，t_1'，t_2' 为运动曲线与对称线 R'' 相交的时间坐标，时间差 $\Delta t = (t_3-t_2)-(t_2-t_1)$，$R$ 是摆动的平衡位置，并且 O 与 R'' 相对于 R 是对称的，所以，t_3-t_2 等于 $t_2'-t_1'$，假设陀螺在接近平衡位置的摆动曲线近似为直线，则很容易得出：运动曲线与平衡位置交点到邻近的中天点的时间为 $\Delta t/4$。那么，零刻线偏离平衡位置（陀螺北向）的角度 ΔN 可以从下面的公式求出[62-63]：

$$\Delta N = -F\left\{\sin\left[\left(\frac{T}{2}+\frac{\Delta t}{4}\right)\frac{2\pi}{T}\right] - \sin\left(\frac{T}{2}\cdot\frac{2\pi}{T}\right)\right\}$$

$$= -F\left[\sin\pi\cdot\cos\left(\frac{\pi}{2T}\Delta t\right) + \cos\pi\cdot\sin\left(\frac{\pi}{2T}\Delta t\right)\right] \quad (2\text{-}23)$$

$$= -F\sin\left(\frac{\pi}{2T}\Delta t\right)$$

按正弦级数展开上面的公式，并取前两项，得

$$\Delta N = F\left[\frac{\pi}{2T}\Delta t - \frac{1}{6}\left(\frac{\pi}{2T}\Delta t\right)^3\right] \quad (2\text{-}24)$$

取其一次项，得到中天法公式为

$$\Delta N = CF\Delta t \quad (2\text{-}25)$$

式中：C 为比例系数；Δt 为根据中天时间计算的时间差。

比例系数 C 与陀螺的摆动周期 T 有关，对于某台特定的陀螺仪来说，它在当地的摆动周期是确定的，即

$$T = 2\pi\sqrt{\frac{H_G}{mgl\omega_{IE}\cos\varphi}} \quad (2\text{-}26)$$

式中：m 为陀螺灵敏部质量（kg）；g 为重力加速度（m/s²）；l 为倾心高（m）；H_G 为陀螺自转角动量（kg·m²/s）；ω_{IE} 为地球自转角速度（rad/s）；ϕ 为地理纬度（°）。

对于特定的陀螺仪来说，m, l, H_G, ω_{IE} 为常数，g 和摆动周期与地理纬度 ϕ 有关，高纬度周期长，低纬度周期短。

中天法的误差即为舍去的高次项，约为

$$F\cdot\frac{\pi^3}{48}\left(\frac{\Delta t}{T}\right)^3 \quad (2\text{-}27)$$

中天法在数学上的依据是把邻近平衡位置的部分曲线看成直线。由于接近于摆式陀螺寻北仪的实际运动规律，因此测量精度较高，成为摆式陀螺在早期实际使用中采用的主要方法之一[36]。

2.4.3 步进寻北法

步进寻北法是使陀螺敏感元件转子轴逐渐逼近真北的测量方法，它只需要悬挂系统（悬带和导流丝）受扭后的恢复力矩及陀螺的寻北力矩来实现步进寻北，因而操作简便，数据处理简单，实现起来比较方便。

假设悬带和导流丝的扭力零位在真北方向上时，悬带和导流丝的扭力矩和指北力矩对陀螺的影响通常用扭矩比 K_φ 表示，有

$$K_\phi = \frac{M_B}{M_K} = \frac{D_B \cdot \alpha}{H_g \cdot \omega_{IE} \cdot \cos\phi \cdot \sin\alpha} \tag{2-28}$$

式中：M_B 为悬带和导流丝总扭力矩；M_K 为陀螺指北力矩；D_B 为悬带和导流丝的扭力系数；α 为陀螺敏感元件转子轴与北的夹角。

当陀螺敏感元件转子轴偏真北角 α 很小时，有 $\sin\alpha \approx \alpha$，则式（2-28）可以改写为

$$K_\phi \approx \frac{D_B}{H_g \cdot \omega_{IE} \cdot \cos\phi} = \frac{D_B}{D_K} \tag{2-29}$$

式中：D_K 为测量点的陀螺力矩系数，随纬度变化而变化，$D_K = H_g \cdot \omega_{IE} \cdot \cos\phi$。

当悬带和导流丝的扭力零位不在北向时，假设扭力零位和用来敏感陀螺摆动的光电传感器 CCD 的测量零位一致，如图 2-14 所示。

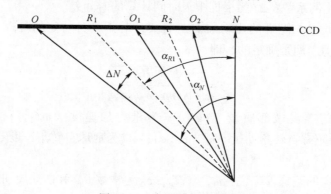

图 2-14　步进寻北示意图

由于存在扭力矩，所以陀螺摆动的平衡位置不会越过北，假设陀螺以 R_1 为平衡位置左右摆动，在平衡位置，扭力矩与陀螺指北力矩大小相等，即：$D_B \cdot \Delta N = D_K \cdot \sin\alpha_{R1}$。

当 α_{R1} 非常小，即陀螺摆动的平衡位置非常接近北向时，$\sin\alpha_{R1} \approx \alpha_{R1}$，则上式简化为

$$D_B \cdot \Delta N = D_K \cdot \alpha_{R1} \tag{2-30}$$

由上式可以看出，只要使陀螺摆动的平衡位置逼近北向，使上式成立，再测量出平衡位置与测量零位的夹角 ΔN，就可以计算出 α_{R1}，进而就可以计算出测量零位与北之间的夹角 α_N。为了使陀螺摆动的平衡位置接近北，可以采用步进法。

陀螺敏感元件转子轴经过 1/2 周期后，达到逆转点 O_1，此时，通过马达伺服控制系统使整个陀螺仪与经纬仪一起快速步进，将悬带和导流丝零位从 O

转到该逆转点 O_1 上，这时陀螺转子轴的摆动将不会重复原来的运动过程，而是以此点为新的静止起始点，产生新的继续向北的正弦运动。如上所述，又可求出新的平衡位置 R_2 和更小的摆幅，再经过 1/2 周期到达第二个逆转点 O_2，不断重复上述过程，经几次步进跟踪，陀螺敏感元件转子轴摆动的平衡位置将逐渐逼近真北，即 α_{R1} 非常小，式（2-28）成立。接下来，再用积分测量法或时差法测量出摆动平衡位置与测量零位之间的夹角 ΔN。

2.4.4 积分法

积分法是通过对陀螺摆动信号进行积分，从而推算出摆动平衡位置与测量零位之间的夹角 ΔN，进而推算出测量零位与北之间的夹角 α_N。

如果将图 2-11 中的目视分划板换成一维 CCD 图像传感器，能实时测量光像位置，就可进行积分法寻北测量。

假设测得的光像位置与时间关系如图 2-15 所示。

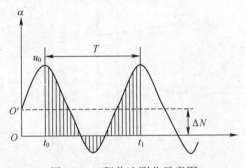

图 2-15 积分法测北示意图

图中，纵坐标表示光标在 CCD 上的成像位置，横坐标为时间。由数学原理可知，如果陀螺转子轴的运动轨迹方程为 $\alpha(t)$，它满足周期为 T 的连续可积函数，则可由下面的公式求得对称位置，即陀螺转子轴摆动的平衡位置，从而求出陀螺北向[64-65]，即

$$\Delta N = \frac{1}{T} \int_{t_0}^{T+t_0} \alpha(t) \mathrm{d}t \tag{2-31}$$

式中：ΔN 为陀螺摆动平衡位置相对于 CCD 测角零位的距离。

积分法能够有效地消除章动的影响，对环境的高频扰动也能进行部分抑制，精度较高，测量装置也很简单，但对初始架设位置有严格的要求，光标左右摆幅均需在 CCD 图像传感器的测量范围内，且手动初始架设所需时间较长，位置传感器要求有很高的精度，一般都是采取其他方法先进行粗寻北，然后再用积分法精寻北，可达到较好的效果[66]。

2.4.5 时差法

为了提高自动化操作水平,减少操作手的工作量和对操作手的技能要求,达到精确定向,现在普遍采用的是光电测量方法,即由光电传感器和单片机完成对摆动平衡位置的测定。如果将图 2-11 中的目视分划板换成光电传感器,则可用时差法进行寻北测量。当反映陀螺摆动状态的光点穿过与测角零刻线相对称的两个传感器的 A 和 B 时,其光信号通过光电传感器转换为电信号输送给单片机,通过测定敏感元件反光镜反射回的光标通过 A 和 B 的时间,便可利用时差法求得真北方向[33]。

如图 2-16 所示,图中 O 为 CCD 的测量零位,R 为陀螺摆动的平衡位置,测量零位与壳体上参考方向有固定角度关系,测出测量零位与摆动平衡位置之间的夹角,即得到壳体参考方向与北的夹角。

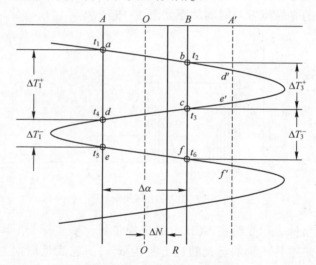

图 2-16 时差法测北示意图

用精密计时器测定光标通过传感器 A 和 B 的时间,记为 $t_i, i=1,2,\cdots,6$;两个传感器 A 和 B 之间的角距为常量,记为 $\Delta\alpha$,则有

$$\begin{cases} \Delta T_1^+ = t_4 - t_1, \Delta T_1^- = t_5 - t_4 \\ \Delta T_3^+ = t_3 - t_2, \Delta T_3^- = t_6 - t_3 \end{cases} \quad (2-32)$$

因此,有

$$t_{1,2} = t_2 - t_1 = \frac{1}{2}(\Delta T_1^+ - \Delta T_3^+) \quad (2-33)$$

以摆动平衡位置 R 为对称轴作 A 线的对称线 A',此时 $bd' = 2\Delta N$,且

$$t_{bd'} = \frac{1}{2}(\Delta T_3^+ - \Delta T_1^-) \tag{2-34}$$

假设接近平衡位置时陀螺摆动为匀速运动,则有

$$v = \frac{S_{ab}}{t_{ab}} = \frac{S_{bd'}}{t_{bd'}} \tag{2-35}$$

故而

$$\frac{\Delta \alpha}{t_{1,2}} = \frac{2\Delta N}{\frac{1}{2}(\Delta T_3^+ - \Delta T_1^-)} \tag{2-36}$$

则有

$$\Delta N = \frac{\Delta \alpha (\Delta T_3^+ - \Delta T_1^-)}{4 t_{1,2}} \tag{2-37}$$

同理可得

$$\Delta N = \frac{\Delta \alpha (\Delta T_1^+ - \Delta T_3^-)}{4 t_{1,2}} \tag{2-38}$$

取均值后整理可得

$$\Delta N = \frac{\Delta \alpha}{4} g \frac{(\Delta T_1^+ - \Delta T_3^-) + (\Delta T_3^+ - \Delta T_1^-)}{\Delta T_1^+ - \Delta T_3^+} \tag{2-39}$$

在允许的时间内多取几个周期进行真北方向的测定,可以相应地提高定向精度。采用时差法进行寻北测量时,回转部不再跟踪回转,数据处理过程自动完成,提高了自动化操作水平,缩短了寻北时间。

2.4.6 阻尼跟踪法

阻尼跟踪法是在仪器上安装有一个跟踪装置,能跟踪陀螺摆的运动,跟踪控制信号来自于摆和跟踪装置之间的相对位置传感器。在跟踪装置跟随摆的运动的同时,力矩器对摆施加阻尼力矩,阻尼力矩的大小正比于摆的运动速度。这样,通过一定时间的阻尼跟踪,摆即能稳定在子午面附近的平衡位置。这种方法要求阻尼比略小于1。

采用这种方法,仪器的寻北精度较高,寻北时间也较短。美国的 Marcs、Aline 等型号的陀螺寻北仪采用这种方法,寻北时间 12~20min,寻北精度 ±5″~40″。

第3章 影响陀螺寻北仪寻北精度的各主要因素分析

3.1 基于 t 分布的陀螺寻北仪精度评价方法

在弹道导弹方位瞄准中，陀螺寻北仪用来测量真北方向，或者测量并标定基准方向的天文方位角，并以此为基准测定弹上瞄准棱镜主截面的天文方位角，为导弹制导系统初始定向，赋予导弹正确的射击方向。因此，陀螺寻北仪的寻北精度，将直接关系着所标定射向的精度，从而影响导弹的命中精确度。尤其是在无依托机动发射的导弹瞄准方式中，只用陀螺寻北仪的一次寻北结果来为导弹瞄准定向，可靠性更加突显重要。因此，如何科学准确地评价陀螺寻北仪的寻北精度，使之更能适应导弹方位瞄准使用要求，对导弹瞄准定向有着重要意义。

3.1.1 传统陀螺寻北仪的精度评价方法

陀螺寻北仪的"精度"是指在给定某一具体置信概率下的置信区间。如果没有给定某一置信概率，则默认置信概率为大于 99%[67]。

一般检查陀螺寻北仪精度的方法是在一个隔震基座上设立一个基准棱镜，采用其他高精度测量方法，测出基准棱镜法线方向天文方位角 α，作为真值使用，如图3-1所示。

被检测陀螺寻北仪在修正仪器常数后（或不修正）、相同条件下对这一基准棱镜法线方位角 A 进行有限次数（n 次）测量，所得的测量列为 $A_i(i=1,2,3,\cdots,n)$，根据经验，测量列 A_i 独立同分布，A_i 的算术平均值$\bar{A}$为[56]

$$\bar{A} = \frac{1}{n} \cdot \sum_{i=1}^{n} A_i \qquad (3-1)$$

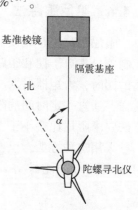

图3-1 寻北仪精度检测示意图

一次定向观测的标准方差 S^* 为

$$S^* = \sqrt{\frac{1}{n-1} \cdot \sum_{i=1}^{n}(A_i - \overline{A})^2} \qquad (3-2)$$

如果用 Δ 来衡量陀螺寻北仪的精度，Δ 的计算如下。

$$\Delta = 3S^* \qquad (3-3)$$

$$\Delta = |\alpha - \overline{A}| + 3S^* \qquad (3-4)$$

式（3-3）和式（3-4）就是目前常用的陀螺寻北仪精度评价公式，其中，式（3-3）适用于仪器常数得到修正后的情况，式（3-4）适用于仪器常数不修正的情况。

从式（3-3）和式（3-4）可以看出，无论测量次数为多少，均笼统地取 3 倍标准差为可信限，由数理统计基本知识可知，在测量次数较多的情况下，测量列可按正态分布考虑，可信限取 3 倍标准偏差时，可靠性为 99.73%，满足可靠性大于 99% 的要求。但是，当测量次数较少，特别是 6 次以下时，如果可信限仍取 3 倍标准偏差，则可靠性都是低于 99% 的，具体值与测量次数有关。因此，当测量次数较少，特别是 6 次以下时，测量列必须按 t 分布考虑，图 3-2 所示为 t 分布密度图。

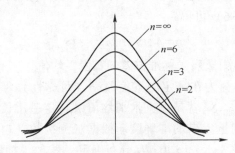

图 3-2 t 分布密度图

由图 3-2 可知，当测量次数 $n \to \infty$ 时，t 分布无限逼近正态分布，测量次数有限时，t 分布的图形比正态分布平坦得多，实际上测量次数不可能无限多，因此，当测量次数不多时，就必须考虑其可靠性[56]。

3.1.2 基于 t 分布的陀螺寻北仪的精度评价方法

1. 多次寻北测量精度评价方法

在以陀螺寻北仪多次测量的均值作为测量结果的使用模式中，用式（3-3）来衡量测量精度是否科学呢？

假设基准棱镜法线方位角的测量列 $A_i (i = 1, 2, \cdots, n)$ 服从正态分布

$N(\mu, \sigma_2)$，则测量列 $A_i(i=1,2,\cdots,n)$ 的均值 $\bar{A}$ 服从正态分布：$\bar{A} \sim N\left(\mu, \dfrac{\sigma^2}{n}\right)$，或 $\dfrac{\bar{A}-\mu}{\sigma/\sqrt{n}} \sim N(0,1)$。

构造统计量 Y：

$$Y = \frac{(n-1)S^{*2}}{\sigma^2} = \frac{nS^2}{\sigma^2} \sim \chi^2(n-1) \tag{3-5}$$

即 Y 服从自由度为 $n-1$ 的 χ^2 分布[56]。

根据 t 分布的定义，构造统计量 T：$T = \dfrac{\dfrac{\bar{A}-\mu}{\sigma/\sqrt{n}}}{\sqrt{\dfrac{(n-1)S^{*2}}{\sigma^2(n-1)}}} = \dfrac{\dfrac{\bar{A}-\mu}{\sigma/\sqrt{n}}}{\sqrt{\dfrac{nS^2}{\sigma^2(n-1)}}} \sim$

$t(n-1)$，即

$$\frac{\bar{A}-\mu}{S^*/\sqrt{n}} = \frac{\bar{A}-\mu}{S/\sqrt{n-1}} \sim t(n-1) \tag{3-6}$$

很容易证明 T 服从自由度为 $n-1$ 的 t 分布[16]，也即算术平均值 $\bar{A}$ 的分布属于 t 分布。由式（3-6）可得

$$\alpha = \bar{A} \pm tS^*/\sqrt{n} = \bar{A} \pm t\bar{S}^* \tag{3-7}$$

式中：$\bar{S}^* = S^*/\sqrt{n}$ 为测量列 A_i 标准方差的算术平均值。

式（3-7）可解释为在一定的置信概率（可靠性）保证下，真值 α 必定落在 $\bar{A} \pm t\bar{S}^*$ 的范围内。$t\bar{S}^*$ 就是以算术平均值 $\bar{A}$ 认定基准棱镜方位角 A 时的极限误差，它反映了测量成果的准确度。根据观测次数（自由度 $n-1$）和给定的置信概率（可靠性要求），t 值按 t 分布确定，表 3-1 抽取了可靠性为 90%、95%、97.5%、99% 和 99.5% 五种情况下 t 分布的 t 值（置信系数）。

表 3-1 t 值表

测量次数 n	自由度 $n-1$	置信概率（可靠性）				
		90%	95%	97.5%	99%	99.5%
2	1	3.0777	6.3138	12.7062	31.8207	63.6574
3	2	1.8856	2.9200	4.3027	6.9646	9.9248
4	3	1.6377	2.3534	3.1824	4.5407	5.8409
5	4	1.5332	2.1318	2.7764	3.7469	4.6041
6	5	1.4759	2.0150	2.5706	3.3649	4.0322

续表

测量次数 n	自由度 n-1	置信概率（可靠性）				
		90%	95%	97.5%	99%	99.5%
7	6	1.4398	1.9432	2.4469	3.1427	3.7074
8	7	1.4149	1.8946	2.3646	2.9980	3.4995
9	8	1.3968	1.8595	2.3060	2.8965	3.3554
10	9	1.3830	1.8331	2.2622	2.8214	3.2498
11	10	1.3722	1.8125	2.2281	2.7638	3.1693
21	20	1.3253	1.7247	2.0860	2.5280	2.8453
41	40	1.3031	1.6839	2.0211	2.4233	2.7045
∞	∞	1.282	1.645	1.960	2.326	2.576

换句话说，在不考虑仪器常数的情况下，可以用 $t\bar{S}^*$ 来衡量以多次测量取均值这种使用方式的陀螺寻北仪的寻北精度。

为了满足一定的可靠性和对目标的测量精度，利用式（3-7），可以在已知仪器测量标准差的情况下进行反推，得到必须要进行的观测次数。

例如某型号陀螺寻北仪方差标称为 3.2″，测前、测后都要检查仪器常数的变化并修正。要求测得基准的精度为 10″以上，在可靠性为 99% 的条件下，必须要观测 4 次以上，而观测 3 次时，精度只能达到 18.3″。若只观测 3 次，而要求基准的精度仍为 10″，则计算的 t 值只有 5.413，查 t 分布表，对应的可靠性低于 99%。

2. 一次寻北测量精度评价方法

在陀螺寻北仪出厂或年检过程中，一般评测过程是多次寻北，得到测量列，但是陀螺寻北仪在真正使用过程中只进行一次寻北测量，在仪器常数和使用环境条件不变的情况下，可以用下式来预测将来的一次寻北测量成果 α_0 在给定置信概率下与真值 α 的关系[56]为

$$\alpha_0 = \alpha \pm tS^* \qquad (3-8)$$

为了保证可靠性，这里是按 t 分布考虑测量列的分布。式（3-8）与式（3-7）的不同点在于式（3-8）用一次定向观测的标准偏差 S^* 替换了式（3-7）中的标准偏差算术平均值 $\bar{S}^*$，即在陀螺寻北仪只进行一次测量就确定北向的使用方式中，陀螺寻北仪的寻北精度可用 tS^* 评价。

3. 综合环境因素影响下的综合评价方法

式（3-7）和式（3-8）都是在陀螺寻北仪仪器常数不变并得到修正的条件下才成立，但是为了考核陀螺寻北仪的环境适应能力和长期稳定性，由于环

境因素的变化造成的仪器常数的改变在考核过程中是不能修正的，所以在式（3-7）和式（3-8）的基础上，还应考虑仪器常数的变化。仪器常数变化反映的是陀螺寻北仪的系统误差，用 Δ 衡量仪器的精度，在不同的使用方式下，Δ 为

$$\Delta = |\overline{A}-\alpha|+t\overline{S}^* \tag{3-9}$$

$$\Delta = |\overline{A}-\alpha|+tS^* \tag{3-10}$$

由于陀螺寻北仪使用环境中的各种因素对式（3-9）和式（3-10）中的分量贡献不一样，例如，环境温度的变化主要是影响仪器常数的变化，而阵风和地表震动主要影响测量数据离散度的变化，并且有些情况下测量次数可能很少，如常温下测量一组数据可能进行 10 次测量，但在高低温环境条件下，可能一组只进行 3、4 次测量，但是无论是什么环境条件，在不修改仪器常数的情况下，为保证必要的可靠性（置信概率），必须观测两次以上（$n \geq 2$），即自由度必须在 1 以上（$v \geq 1$），并且按式（3-9）或式（3-10）计算陀螺寻北仪精度，取各种环境条件下计算的最大值作为陀螺寻北仪最终的精度评价值[68-69]，应满足战标要求。

当然，为了能客观准确地评价陀螺寻北仪的寻北精度，同一环境下的测量次数不宜太少，推荐测量次数至少为 5 次，条件允许时，测量次数应为 8～10 次。

表 3-2 是某型陀螺寻北仪在出厂验收做低温-40℃试验时，逐次通电对方位角为 300°34′30.5″的基准棱镜进行 5 次寻北测试的测试记录。要求寻北仪在进行一次寻北测量时，精度在 47″内。

表 3-2　某型寻北仪在低温-40℃时寻北测试记录表

次数 n	测 量 值
1	300°34′50″
2	300°34′51″
3	300°34′30″
4	300°34′49″
5	300°34′28″

如果用式（3-4）作为评价依据，精度为 45.6″，满足 47″要求，可以合格出厂。但是，如果用式（3-10）计算，该产品的精度为 64.3″，超出要求精度范围 27.3″。所以提出的新方法具有很高的可靠性，尤其适应于无依托机动发射的导弹瞄准方式中陀螺寻北仪一次寻北定向这种情况。

3.2 基座倾斜对寻北精度的影响

磁悬浮陀螺寻北仪实现精确寻北的前提条件之一是基座处于水平状态,基座的调平精度一般要求在10″以内,才不会对寻北精度产生较大影响。目前的调平方法是在基座外壳上安装长水准器,架设时依据水准器的指示,利用调平系统将水准器气泡调居中,即认为寻北仪基座是水平的。

调平用的水准器是一种水平度敏感元件,一般是用玻璃管研磨而成的。将玻璃管的内壁研磨成具有一定曲率的形状,管内填充精馏乙醇、乙醚或二者的混合液,在封口前内腔形成一个气泡,如图3-3所示。过水准器的中点 Z' 作管内圆弧的切线 HH',称为水准器轴,它与通过水准器中点 Z' 的铅垂线 ZZ' 垂直。当气泡居中时,水准器轴水平。为了指示气泡的位置,在玻璃管上均刻有分划线,格宽均为2mm。

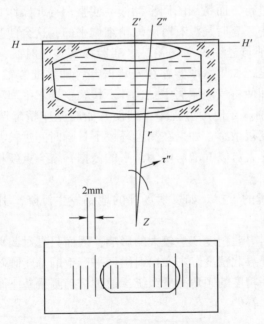

图3-3 长水准器结构原理示意图

水准器的格值 τ'' 是指每一格分划所对应的圆弧角,有

$$\tau'' = \frac{Z'Z''}{r} \cdot \rho'' = \frac{2}{r} \cdot \rho'' \tag{3-11}$$

式中:$Z'Z''$ 是格宽,为2mm;r 为圆弧半径(mm);$\rho'' = 206265''$,为弧度换算

为角秒的常数，水准器的格值 τ'' 可以理解为气泡每移动 2mm 时，水准器所倾斜的角度值，或者是水准器所能敏感到的水平倾角，格值 τ'' 越小，说明水准器越灵敏，所以，格值 τ'' 的大小反映了水准器的灵敏度。从公式可以看出，格值 τ'' 的大小与管内圆弧半径 r 成反比，从几何尺寸来讲，r 值是水准器精度的决定因素，当 $\tau=1''$ 时，$r=412.53m$，当 $\tau=20''$ 时，$r=20.6265m$。所以，水准器精度越高，管内圆弧半径 r 就越大，水准器的制造加工就越困难。磁悬浮陀螺寻北仪基座上的水准器的格值常为 $20''$。调平时，将寻北仪在某一方向气泡调居中，转动照准部到任意位置，如果气泡偏移量没有超过格值的一半，即认为调平合格，所以基座的调平误差不超过 $10''$[70]。

这种调平方法简单，很容易实现，但会受到水准器的精度、安装误差、环境变化、温度变化、地表震动以及操作人员熟练程度等许多因素的影响，使陀螺寻北仪基座在工作时有时处于倾斜状态[71]。

（1）时间限制。寻北仪基座要达到调平精度要求，调平过程必须非常精细，并且要反复进行，而精细的调平动作会使整个寻北操作时间加长，在导弹瞄准定向的过程中，有时是没有时间做精细调平的，这会使基座倾斜。

（2）水准器轴与竖轴正交误差。水准器在安装的时候，要求水准器轴与竖轴要正交，但是，如果水准器存在安装误差，即水准器轴与竖轴没有正交，在这种情况下，即使将气泡调居中，也并不代表仪器水平。

（3）高温日晒。在使用过程中，即使开始时基座精确调平了，但由于水准器的气泡对温度很敏感，如果在高温环境下日晒时间过长，气泡就会偏离中心位置，如果操作人员以气泡居中为调平的依据，就会重新将气泡调居中，但此时基座已经倾斜。

（4）外界环境的干扰。如发射场坪的地基发生沉降，引起陀螺寻北仪基座出现倾斜。

基座倾斜会对寻北精度产生较大的影响，因而只有对调平误差进行精确补偿，才能最终保证寻北精度。本文探讨由调平产生的基座倾斜对寻北精度的影响，并设计一套高精度的倾角测量系统，通过精确测量基座倾角，从算法上对这一影响进行误差补偿。

3.3 基座扰动对寻北精度的影响

磁悬浮陀螺寻北仪实现精确寻北，不仅要求基座处于水平状态，而且基座要不受来自外界环境的各种干扰。因为寻北仪是通过测量地球自转角速度水平分量在陀螺敏感轴上的投影来确定寻北仪动量矩轴相对于地理真北的夹角[72]，而地球自转角速度水平分量是极微小量，寻北精度为 1mrad（3.438′）时，要求测量地球自转水平分量的测量精度达到 10^{-3} 数量级，在纬度为±50°时，地球自转水平分量近似为 0.16828rad/h，这要求陀螺仪必须能够测量 0.16828mrad/h 的小角速度。如果要求寻北精度为 0.1mrad（20.6265″），这就要求陀螺仪必须能够测量 0.016828mrad/h 的小角速度，这也意味着任何内部或外部微小的扰动都将严重影响寻北仪的寻北精度[73-74]。

在导弹实际发射过程中，陀螺寻北仪配置在导弹发射车上或发射车附近，发射车的发动机组工作时产生的高频振动以及人员走动、阵风、车辆行驶引起的低频振动不可避免地作用在寻北仪上，使寻北仪的基座发生扰动，使寻北精度大大降低，进而影响导弹所标定的射击方向的精度[75]。

寻北仪的抗外界干扰能力是考核其野战效果的重要尺度，要保证陀螺寻北仪在基座扰动下的寻北精度，必须减小寻北仪对基座扰动的敏感性[76]。本书试图通过振动试验，模拟发射车发动机组和变速箱工作时产生的高频振动，模拟车辆驶过和人员走动产生的低频振动干扰，并建立振动影响数学模型，深入分析基座扰动对寻北仪寻北精度影响的机理，建立有效的误差补偿模型，对陀螺仪输出信号进行处理和误差补偿，提高陀螺寻北仪在扰动环境下的寻北精度[77-78]。

3.4 转动机构转位误差对寻北精度的影响

磁悬浮陀螺寻北仪采用三位置寻北多次测量，其中粗寻北一个位置，精寻北两个位置。粗寻北时，由驱动机构带动陀螺组件转至粗北位置，然后再进行精寻北。精寻北时，在第一位置对敏感器件输出采样完成后，由转动机构带动陀螺组件旋转 180°，再次进行测量，这样可以抵消陀螺常值漂移的影响，提高寻北精度。而在由第一位置转到第二位置时，如果没有精确地转动 180°，存在转位误差，则该转位误差会给寻北精度带来一定的影响[79-80]。

当寻北仪在精寻北第一位置，即陀螺坐标系 $o_g x_g y_g z_g$ 相对载体坐标系 $o_b x_b y_b z_b$ 的 z_b 轴转角 $B=0$，根据式（2-7），此时载体坐标系 $o_b x_b y_b z_b$ 到陀螺坐标系 $o_g x_g y_g z_g$ 的坐标变换矩阵为

$$\boldsymbol{C}_b^g(1) = \begin{bmatrix} \cos 0 & -\sin 0 & 0 \\ \sin 0 & \cos 0 & 0 \\ 0 & 0 & 1 \end{bmatrix} = \begin{bmatrix} 1 & 0 & 0 \\ 0 & 1 & 0 \\ 0 & 0 & 1 \end{bmatrix} \quad (3-12)$$

将 $\boldsymbol{C}_b^g(1)$ 和式（2-6）中的 $\boldsymbol{C}_n^b$ 代入式（2-8）可求出第一位置陀螺坐标系中地球自转角速率分量为

$$\boldsymbol{\Omega}_{ie}^{g}(1) = \begin{bmatrix} -\omega_{ie} \cdot \cos\phi\sin\alpha \\ \omega_{ie} \cdot \cos\phi\cos\alpha \\ \omega_{ie} \cdot \sin\phi \end{bmatrix} \tag{3-13}$$

则在第一位置陀螺坐标系 x_g 轴和 y_g 轴上的输出为

$$\begin{aligned} \omega_{iex}^{g}(1) &= -\omega_{ie} \cdot \cos\phi\sin\alpha + \varepsilon_x + \varepsilon_x(1) \\ \omega_{iey}^{g}(1) &= \omega_{ie} \cdot \cos\phi\cos\alpha + \varepsilon_y + \varepsilon_y(1) \end{aligned} \tag{3-14}$$

式中：$\omega_{iex}^{g}(1)$，$\omega_{iey}^{g}(1)$ 为陀螺坐标系 x_g 轴和 y_g 轴在第一位置的输出；ε_x，ε_y 为 x 轴和 y 轴上的常值漂移；$\varepsilon_x(1)$，$\varepsilon_y(1)$ 为 x 轴和 y 轴在第一位置的随机漂移。

在第一位置对敏感器件输出采样完成后，由转动机构带动陀螺组件旋转 $180°$ 至第二位置，如果存在转位误差 $\Delta\psi$，多转为正，少转为负，即 $B=180°+\Delta\psi$，则式（2-7）变为[81]：

$$\boldsymbol{C}_{b}^{g}(2) = \begin{bmatrix} \cos(\pi+\Delta\psi) & -\sin(\pi+\Delta\psi) & 0 \\ \sin(\pi+\Delta\psi) & \cos(\pi+\Delta\psi) & 0 \\ 0 & 0 & 1 \end{bmatrix} = \begin{bmatrix} -\cos\Delta\psi & \sin\Delta\psi & 0 \\ -\sin\Delta\psi & -\cos\Delta\psi & 0 \\ 0 & 0 & 1 \end{bmatrix} \tag{3-15}$$

在精寻北第二位置，陀螺坐标系 x、y 轴敏感到的地球自转分量为

$$\begin{cases} \omega_{iex}^{g}(2) = \omega_{ie} \cdot \cos\phi\sin\alpha\cos\Delta\psi + \omega_{ie} \cdot \cos\phi\cos\alpha\sin\Delta\psi + \varepsilon_x + \varepsilon_x(2) \\ \quad\quad\quad\quad = \omega_{ie} \cdot \cos\phi\sin(\alpha+\Delta\psi) + \varepsilon_x + \varepsilon_x(2) \\ \omega_{iey}^{g}(2) = \omega_{ie} \cdot \cos\phi\sin\alpha\sin\Delta\psi - \omega_{ie} \cdot \cos\phi\cos\alpha\cos\Delta\psi + \varepsilon_y + \varepsilon_y(2) \\ \quad\quad\quad\quad = -\omega_{ie} \cdot \cos\phi\cos(\alpha+\Delta\psi) + \varepsilon_y + \varepsilon_y(2) \end{cases} \tag{3-16}$$

式中：$\Delta\psi$ 为转动机构转位误差；$\varepsilon_x(2)$，$\varepsilon_y(2)$ 为陀螺坐标系 x 轴和 y 轴在第二位置的随机漂移。

根据式（3-14）和式（3-16），陀螺坐标系 x 轴和 y 轴在两位置的输出分别为

$$\begin{cases} \omega_{iex}^{g}(1) = -\omega_{ie} \cdot \cos\phi\sin\alpha + \varepsilon_x + \varepsilon_x(1) \\ \omega_{iex}^{g}(2) = \omega_{ie} \cdot \cos\phi\sin(\alpha+\Delta\psi) + \varepsilon_x + \varepsilon_x(2) \\ \omega_{iey}^{g}(1) = \omega_{ie} \cdot \cos\phi\cos\alpha + \varepsilon_y + \varepsilon_y(1) \\ \omega_{iey}^{g}(2) = -\omega_{ie} \cdot \cos\phi\cos(\alpha+\Delta\psi) + \varepsilon_y + \varepsilon_y(2) \end{cases} \tag{3-17}$$

假设忽略两位置的随机漂移误差 $\varepsilon_x(1)$，$\varepsilon_y(1)$ 和 $\varepsilon_x(2)$，$\varepsilon_y(2)$，由转动机构的转位误差 $\Delta\psi$ 引起的寻北误差记为 $\Delta\alpha_\psi$，根据式（2-18），结合式（3-17），有

$$\begin{cases} 2\sin(\alpha+\Delta\alpha_\psi) = \sin\alpha+\sin(\alpha+\Delta\psi) \\ 2\cos(\alpha+\Delta\alpha_\psi) = \cos\alpha+\cos(\alpha+\Delta\psi) \end{cases} \quad (3-18)$$

所以，有

$$\tan(\alpha+\Delta\alpha_\psi) = \frac{\sin\alpha+\sin(\alpha+\Delta\psi)}{\cos\alpha+\cos(\alpha+\Delta\psi)} = \frac{2\sin\left(\alpha+\dfrac{\Delta\psi}{2}\right)\cos\left(\dfrac{\Delta\psi}{2}\right)}{2\cos\left(\alpha+\dfrac{\Delta\psi}{2}\right)\cos\left(\dfrac{\Delta\psi}{2}\right)} = \tan\left(\alpha+\dfrac{\Delta\psi}{2}\right) \quad (3-19)$$

由式（3-19）可以看出：

$$\Delta\alpha_\psi = \frac{\Delta\psi}{2} \quad (3-20)$$

式（3-20）表明，由转动机构转位误差 $\Delta\psi$ 所引起的寻北误差 $\Delta\alpha_\psi$ 是转位误差角的一半，如果转位误差为 20″，则由它引起的寻北误差就是 10″。所以，提高转动机构转动位置的测量精度，并对转位误差进行补偿，可以保证寻北仪的寻北精度。

3.5　准直误差对寻北精度的影响

由于磁悬浮陀螺寻北仪采用三位置寻北多次测量法，粗寻一个位置，精寻两个位置，三个位置都是通过光电准直来判断是否到位，因此光电准直的精度及准直误差会影响寻北精度。

图 3-4 所示为某型号寻北仪的光学系统简图，光源发出的光经狭缝投射到平面镜上。平面镜在安装时，保证平面镜的法线方向与陀螺主轴方向一致，确定了平面镜的法线位置，就等于确定了陀螺主轴的位置。当入射光沿着平面镜法线方向投射时，光线原路返回，此时，返回光的位置就是平面镜法线位置，也就是陀螺主轴的位置。而当光线原路返回时，返回光像（亮竖丝）与目视分划板的竖丝重合，如图 3-5（a）所示，此时，返回光像的位置就是陀螺主轴的位置。如果光线没有垂直于平面镜入射，则不会原路返回，此时返回的光像与目视分划板的竖丝不重合，如图 3-5（b）所示。只有当入射光与平面镜法线方向一致时，光线才能原路返回，而且只有光线原路返回时，返回光像才与目视分划板竖丝重合。所以，根据返回的准直像与目视分划板竖丝的相对位置就可以判定入射光是否垂直于平面镜，只有当返回光像与目视分划板竖丝重合时，如图 3-5（a）所示，才能说当前光像的位置就是陀螺主轴的位置[82]。

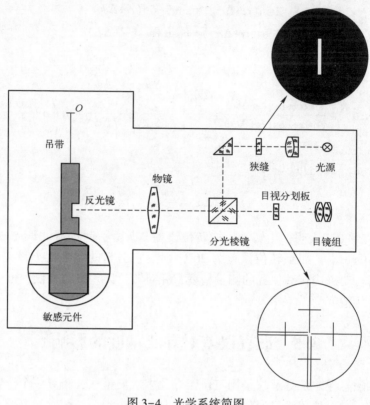

图 3-4　光学系统简图

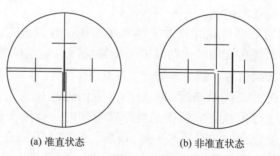

(a) 准直状态　　　　　　(b) 非准直状态

图 3-5　返回光像成像在目视分划板上

对于这种通过光学准直来判断陀螺主轴位置的方法,其准直精度受准直分划板狭缝的宽度以及目视分划板双竖丝之间的距离的影响,准直分划板狭缝越窄,目视分划板双竖丝之间的距离越小,准直精度就越高。当准直分划板狭缝宽度取为 0.06mm,目视分划板双竖线的间距取为 0.075mm 时,对中后光像原路返回,双线与返回的亮竖丝之间有 0.0075mm 的间隙,在自准时相当于 2″ 的

第3章 影响陀螺寻北仪寻北精度的各主要因素分析

误差。

如果将目视分划板换成光电传感器，如 CCD，当入射光垂直于平面镜入射，则原路返回，返回的光像落在 CCD 的零位，如图 3-6 所示，此时 CCD 显示的值为 00′00″，表明达到准直状态。如果入射光没有垂直于平面镜入射，则不会原路返回，返回的光像就不会落在 CCD 的零位，根据光像返回的当前位置相对于 CCD 的零位，可以解算出入射光与平面镜法线之间的夹角，并显示出来[83-84]。

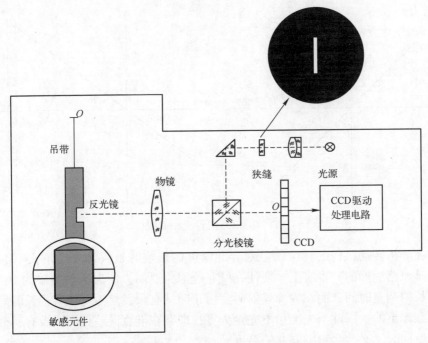

图 3-6 光电准直原理示意图

显然，CCD 的像元尺寸，CCD 的像元分辨率、CCD 的测角精度以及 CCD 光电准直稳定性极差将决定了光电准直的精度，从而也影响了寻北的精度。

如果技术指标要求 CCD 测角极限误差不大于 3″，光电准直稳定性极差零位漂移在 $-3″\sim+3″$ 内，假设焦距为 375mm，光电敏区范围大于 $\pm 60″$，CCD 像元尺寸为 14μm，如图 3-7 所示，可计算出 CCD 每个像元分辨率为 3.85″，即

$$\frac{1}{2}\arctan\left(\frac{14\times 10^{-6}}{375\times 10^{-3}}\right)=3.85″ \tag{3-21}$$

由图 3-7 可知，$2AB=2\times 375\times\tan(120/3600)°=0.44\text{mm}$，仅对应 31 个像元（$(0.44\times 10^3)/14=31$）。可见，只用 CCD 像元的几何间距定位是不能满足

精度指标要求的，测量精度已经超过一个像元或称亚像元精度，因此，必须采用内插算法技术提高精度。内插算法有很多种，在选取时要考虑到运算量的大小，单片机运算指令、内存大小等因素。比如，如果采用图像矩心位置内插算法，将每个像元再细分为 1/32 个像元，则其分辨率为

$$\frac{3.85''}{32}=0.12'' \tag{3-22}$$

所以，CCD 分辨率越高，准直精度也就越高。

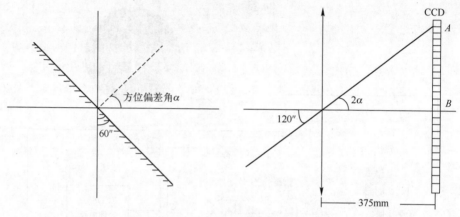

图 3-7 CCD 成像光路简图

在分析转动机构的转位误差对寻北精度的影响时是假设失准角 $\mu=0$，即光线是原路返回的，事实上，要使光线完全原路返回，使失准角精确为 0，需要较长的调整时间，而在导弹发射时，由于时间有限，是不可能有很长时间用来精细调整的，因此当失准角不完全为零，即存在准直误差，光线没有精确地原路返回时，必然会影响寻北的精度。

假设失准角为 μ，以绕陀螺坐标系 $o_g x_g y_g z_g$ 的 z_g 轴负方向转动为正，则由载体坐标系 $o_b x_b y_b z_b$ 到陀螺坐标系 $o_g x_g y_g z_g$ 的坐标变换矩阵为

$$\boldsymbol{C}_b^g(1)=\begin{bmatrix} \cos\mu & -\sin\mu & 0 \\ \sin\mu & \cos\mu & 0 \\ 0 & 0 & 1 \end{bmatrix} \tag{3-23}$$

因为失准角是一个小角度，近似 $|\mu|\leqslant 5''$，所以上式可简化为

$$\boldsymbol{C}_b^g(1)=\begin{bmatrix} \cos\mu & -\sin\mu & 0 \\ \sin\mu & \cos\mu & 0 \\ 0 & 0 & 1 \end{bmatrix} \approx \begin{bmatrix} 1 & -\mu & 0 \\ \mu & 1 & 0 \\ 0 & 0 & 1 \end{bmatrix} \tag{3-24}$$

忽略调平及转位误差，则在第一位置陀螺坐标系 x_g 轴上的输出为

$$\omega_{iex}^{g}(1) = -\omega_{ie} \cdot \cos\phi\sin\alpha - \mu(1) \cdot \omega_{ie} \cdot \cos\phi\cos\alpha + \varepsilon_x + \varepsilon_x(1) \quad (3-25)$$

式中：$\mu(1)$ 为第一位置时准直测量误差。

陀螺转到第二位置，式（2-7）变为

$$C_b^g(2) = \begin{bmatrix} \cos(\pi+\mu) & -\sin(\pi+\mu) & 0 \\ \sin(\pi+\mu) & \cos(\pi+\mu) & 0 \\ 0 & 0 & 1 \end{bmatrix} \approx \begin{bmatrix} -1 & \mu & 0 \\ -\mu & -1 & 0 \\ 0 & 0 & 1 \end{bmatrix} \quad (3-26)$$

忽略调平及转位误差，则在第二位置陀螺坐标系 x_g 轴上的输出为

$$\omega_{iex}^{g}(2) = \omega_{ie} \cdot \cos\phi\sin\alpha - \mu(2) \cdot \omega_{ie} \cdot \cos\phi\cos\alpha + \varepsilon_x + \varepsilon_x(2) \quad (3-27)$$

式中：$\mu(2)$ 为第二位置时准直测量误差。

假设由准直测量误差引起的寻北误差为 $\Delta\alpha_\mu$，根据式（2-18）、式（3-25）和式（3-27），得

$$2\sin(\alpha+\Delta\alpha_\mu) = 2\sin\alpha + (\mu(1)-\mu(2))\cos\alpha \quad (3-28)$$

化简，得

$$\Delta\alpha_\mu = \frac{\mu(1)-\mu(2)}{2} \quad (3-29)$$

即由准直测量误差引起的寻北误差为两个位置准直误差差的一半。

为了减小准直误差引起的寻北误差，可以提高 CCD 的分辨率和测量精度，在精寻北的两个位置，不一定要精确地准直，只要在一定的范围内，并精确测量出准直误差的大小，根据上面的公式就可以消除准直误差引起的寻北误差，避免了精确准直消耗时间造成寻北时间延长的问题。

3.6 高低温变化对寻北精度的影响

交付部队使用的寻北仪工作环境恶劣，高低温差较大。温度变化对陀螺精度的影响主要表现在以下几个方面[85]。

（1）从热源来说，陀螺工作时，陀螺转子要高速旋转，自身要发热，而且在环境温度发生变化时，温度场将变得更加复杂，所以陀螺自身温度变化与环境温度变化都将影响陀螺的性能。

（2）从物理特性来说，气体折射率、材料的热导率、光学器件的光学性质会随着温度的变化而发生变化。

（3）从几何特性来说，器件的热胀冷缩、弯曲变形都可造成光路发生变化。这些变化都将影响陀螺的输出。因此，为了提高寻北精度，必须对由于温度变化所引起的寻北误差的作用机理进行研究，并实施有效的温度补偿。

3.7 陀螺寻北仪漂移误差对寻北精度的影响

1. 陀螺仪漂移率

陀螺仪具定轴性,利用这一特性,可以为被测对象提供一个测量基准,这个测量基准理论上应该始终稳定在惯性空间。但是,在陀螺仪的结构和使用环境中,总是不可避免地存在干扰力矩,改变陀螺转子轴在惯性空间的方位。这种由于干扰力矩所引起的陀螺空间的改变称为陀螺的漂移,陀螺漂移误差的大小通常称为漂移率,用漂移角速度来度量。陀螺精度的高低,主要取决于陀螺漂移误差的大小,陀螺漂移角速度越小,它所提供的测量基准精度越高,所以漂移率是衡量陀螺仪精度的一项主要指标[86]。

2. 引起陀螺漂移的主要因素

引起陀螺漂移的原因主要有两大类:一类属于内因,主要来自于陀螺仪本身,如陀螺仪结构的不对称、工艺的不完善等原因所造成的干扰力矩;另一类属于外因,主要来自外界干扰,如载体的线运动和角运动造成的各种干扰力矩,但这些外因仍然是通过内因起作用。引起陀螺仪漂移的干扰力矩又可以分成两大类[87]。

(1) 有规律的干扰力矩。这种有规律的干扰力矩所引起的陀螺漂移大致有3种:第一种是与加速度无关的漂移,一般是由陀螺转子轴与框架轴不垂直、转子转速不稳所引起的干扰力矩以及电磁干扰力矩等引起;第二种是与加速度成比例的漂移,一般是由转子质量不平衡所引起;第三种是与加速度平方成比例的漂移,一般是由陀螺仪结构中非等弹性变形所引起[88]。

这种有规律的干扰力矩可以进行调整或补偿。如采用二位置对径测量,根据陀螺坐标系当前位置和转动180°到对径位置的输出,可消除陀螺常值漂移的影响[89]。

(2) 无规律的随机干扰力矩。这种随机干扰力矩所引起的陀螺仪的漂移没有一定的规律性,是弱非线性、慢时变的,属于随机漂移,不能用简单的方法进行消除或补偿,因此它是限制陀螺仪性能和精度指标的关键,同时也是寻北系统的主要误差源之一。这种无规律的随机干扰力矩主要来自轴承的噪声、摩擦、温度梯度等引起的干扰力矩[90]。

为了保证寻北精度,必须要深入研究陀螺漂移误差对寻北误差的影响机理,并采取有效的补偿措施。

3. 陀螺随机漂移建模的研究现状

为了建立陀螺仪的随机漂移数学模型并进行相应的误差补偿,国内外的科

第3章 影响陀螺寻北仪寻北精度的各主要因素分析

技工作者做了大量的研究工作。系统辨识理论时间序列分析的发展，为研究陀螺随机漂移的内在规律提供了有力的分析工具。

Robert L. Hammon 用自相关函数来描述陀螺的随机漂移，前提是假设在有限时间段内的陀螺漂移为平稳随机过程。Allan Dushman 发现了陀螺漂移具有非平稳性，并提出了根据大样本集合估计自相关函数[35]的方法。A. J. van Dierendonok 和 R. G. Brown 用差分方程来描述陀螺漂移，并用梯度下降法确定相关系数[41]，但是这种方法仅考虑了随机过程的自回归部分，没有考虑滑动平均部分[41]。20世纪70年代中后期，P. B. Raddy 和 Y. Grehier 等研究了陀螺随机漂移具有的非平稳性，并利用时间序列分析对陀螺的随机漂移进行建模，发表了多篇有价值的文章[91]。到了80年代中后期，Sudhakar M. Pandit 等在研究 DDS 的基础上，提出直接从原始数据建立数学模型[92]的方法。

国内研究陀螺漂移起步较早的是上海交通大学的张钟俊院士，他建立了陀螺漂移的 ARMA 模型，并发表了相关文章。长时间以来，国内的许多科研院所一直致力于研究陀螺仪的随机漂移，如清华大学、东南大学、北京航空航天大学等[93]。其中东南大学的吴少敏教授等根据系统辨识理论，认为陀螺随机漂移具有弱非线性，并提出了一种时间序列模型[94]。上海交通大学的刘春宁教授利用递归最小平方模型（LSL）算法来估计陀螺随机漂移模型中的参数[95]。刘巧光教授等针对环形激光陀螺随机误差的特性，采用 Allan 方差对环形激光陀螺仪随机误差中的各种噪声源进行了分析[96]。东南大学的陈熙源教授利用神经网络来研究陀螺随机漂移[97]。

由于试验和测量手段不及国外先进，陀螺随机漂移的建模与国外相比尚有不少差距。对于用于导弹瞄准定向的磁悬浮摆式陀螺仪，其随机漂移建模与补偿由于涉及军事方面的技术，因此这方面的研究成果极少见诸文献资料。

此外，如果陀螺寻北仪的电动机转速不稳，或没有达到额定转速，也会影响寻北的精度。

第4章 基座倾斜对寻北精度的影响及补偿系统设计

磁悬浮陀螺寻北仪必须在静基座条件下工作，基座必须精确调平，否则会对寻北精度产生很大影响。目前的调平方法是在基座外壳上安装长水准器，架设时依据水准器的指示，利用调平系统将气泡调居中，即认为寻北仪基座是水平的。这种调平方法简单，很容易实现，但会受到长水准器的制造精度、安装误差、环境变化、温度变化，以及操作人员熟练程度等许多因素的影响，使寻北仪基座在工作时有时处于倾斜状态[98]。

如果不能得到基座准确的倾斜量，就不能修正基座倾斜对寻北精度的影响。所以，必须对基座倾斜的大小和方向进行准确测量，然后利用基座倾斜与寻北精度影响量之间的数学模型，进行误差补偿，保证寻北精度。

本章首先分析了在基座没有调平的条件下对寻北精度的影响并进行建模，为了得到基座准确的倾斜量，设计了基座倾角测量系统，并提出补偿方案及具体措施。

4.1 基座倾斜引起的寻北误差分析

陀螺寻北仪在使用过程中，必须精确调平，使陀螺寻北仪载体坐标系的 $x_b o_b y_b$ 平面与当地水平面平行。如果载体坐标系的 $x_b o_b y_b$ 平面与当地水平面有一夹角时，在很大程度上会影响寻北精度，下面给出理论分析。

在第 2 章中，式（2-17）所表述的是在假设仪器精确调平的基础上得到的寻北公式，即载体坐标系的 $x_b o_b y_b$ 平面与当地水平面平行。在寻北仪本体基座偏离水平面不大时，仍能得到较高的寻北精度，但是，如果基座存在较大的倾斜角，则寻北精度会受到较大影响[99]。

根据前面的定义可知，设载体参考方向的方位角为 α，由方位角定义（以北为起始方向，顺时针转至参考方向）可知，α 以绕 z_b 轴负方向旋转为正。载体没有调平时，绕 x_b 轴旋转产生的角度为纵倾角（俯仰角），记作 θ，绕 y_b 轴旋转产生的角度为横倾角（横滚角），记作 γ，正负号规定为：产生倾角的旋转方向与坐标轴指向相同时，为正，否则取负，即参考方向冲北时，载体北

第4章 基座倾斜对寻北精度的影响及补偿系统设计

高南低纵倾角 θ 为正，西高东低横倾角 γ 为正。由地理坐标系 $o_n x_n y_n z_n$ 到载体坐标系 $o_b x_b y_b z_b$ 的坐标变换矩阵为

$$C_n^b = \begin{bmatrix} \cos\gamma & 0 & -\sin\gamma \\ 0 & 1 & 0 \\ \sin\gamma & 0 & \cos\gamma \end{bmatrix} \begin{bmatrix} 1 & 0 & 0 \\ 0 & \cos\theta & \sin\theta \\ 0 & -\sin\theta & \cos\theta \end{bmatrix} \begin{bmatrix} \cos\alpha & -\sin\alpha & 0 \\ \sin\alpha & \cos\alpha & 0 \\ 0 & 0 & 1 \end{bmatrix}$$

$$= \begin{bmatrix} \cos\gamma\cos\alpha+\sin\gamma\sin\theta\sin\alpha & -\cos\gamma\sin\alpha+\sin\gamma\sin\theta\cos\alpha & -\sin\gamma\cos\theta \\ \cos\theta\sin\alpha & \cos\theta\cos\alpha & \sin\theta \\ \sin\gamma\cos\alpha-\cos\gamma\sin\theta\sin\alpha & -\sin\gamma\sin\alpha-\cos\gamma\sin\theta\cos\alpha & \cos\theta\cos\gamma \end{bmatrix}$$

$$(4-1)$$

当存在横倾角 γ（横滚角）和纵倾角 θ（俯仰角）时，考虑到实际系统使用中，要求寻北仪工作在近似水平状态，所以认为 γ 和 θ 较小，故有 $\cos\theta \approx \cos\gamma \approx 1$，$\sin\theta \approx \theta$，$\sin\gamma \approx \gamma$，则式（4-1）的变换矩阵 C_n^b 变换为

$$C_n^b = \begin{bmatrix} \cos\alpha & -\sin\alpha & -\gamma \\ \sin\alpha & \cos\alpha & \theta \\ \gamma\cos\alpha-\theta\sin\alpha & -\gamma\sin\alpha-\theta\cos\alpha & 1 \end{bmatrix} \quad (4-2)$$

将式（4-2）定义的 C_n^b 代入式（2-11）和式（2-15）可求出第一、二位置陀螺坐标系中地球自转角速率在 x_g 轴上的分量为

$$\Omega_{ie}^g(1) = \omega_{ie} \begin{bmatrix} -\cos\phi\sin\alpha-\gamma\sin\phi \\ \cos\phi\cos\alpha+\theta\sin\phi \\ \sin\phi-\gamma\sin\alpha\cos\phi-\theta\cos\alpha\cos\phi \end{bmatrix} \quad (4-3)$$

$$\Omega_{ie}^g(2) = \omega_{ie} \begin{bmatrix} \cos\phi\sin\alpha+\gamma\sin\phi \\ -\cos\phi\cos\alpha-\theta\sin\phi \\ \sin\phi-\gamma\sin\alpha\cos\phi-\theta\cos\alpha\cos\phi \end{bmatrix} \quad (4-4)$$

从而可得陀螺敏感轴 x_g 轴在第一位置和第二位置的输出为

$$\omega_{iex}^g(1) = -\omega_{ie} \cdot (\cos\phi\sin\alpha+\gamma\sin\phi) + \varepsilon_x + \varepsilon_x(1) \quad (4-5)$$

$$\omega_{iex}^g(2) = \omega_{ie} \cdot (\cos\phi\sin\alpha+\gamma\sin\phi) + \varepsilon_x + \varepsilon_x(2) \quad (4-6)$$

式中：$\omega_{iex}^g(1)$ 为陀螺敏感轴 x_g 轴在第一位置的输出；ε_x 为陀螺 x_g 轴的常值漂移；$\varepsilon_x(1)$ 为陀螺 x_g 轴在第一位置的随机漂移，$\omega_{iex}^g(2)$ 为陀螺敏感轴 x_g 轴在第二位置的输出，$\varepsilon_x(2)$ 为陀螺 x_g 轴在第二位置的随机漂移。

忽略随机漂移的影响，为了保持平衡，力矩阻尼器在第一位置和第二位置输出力矩应为

$$M(1) = K_f I_{d1} I_{z1} = -H_g \left[\omega_{ie} \cdot (\cos\phi\sin\alpha+\gamma\sin\phi) + \varepsilon_x \right] \quad (4-7)$$

$$M(2) = K_f I_{d2} I_{z2} = H_g \left[\omega_{ie} \cdot (\cos\phi\sin\alpha+\gamma\sin\phi) - \varepsilon_x \right] \quad (4-8)$$

式中：K_f 为力矩器的力矩系数；H_g 为陀螺动量矩；I_{d1}，I_{z1}，I_{d2}，I_{z2} 分别为力

矩阻尼器在第一位置和第二位置时的定转子采样电流，则根据式（4-7）、式（4-8），有

$$\alpha = \arcsin\left(\frac{I_{d1}I_{z1}-I_{d2}I_{z2}}{2K \cdot \omega_{ie} \cdot \cos\phi} - \gamma\tan\phi\right) \quad (4-9)$$

式中：K 为陀螺寻北仪的定向系数，是与力矩器的力矩系数 K_f、陀螺动量矩 H_g 和采样电路放大倍数有关的常数。

式（4-9）就是考虑基座没有精确调平，出现倾斜后的二位置寻北解算公式。从式（4-9）中可以得出以下结论。

（1）倾角是小角度情况下，对于以 x_g 轴为敏感轴的磁悬浮陀螺寻北仪来讲，纵倾角 θ 对寻北结果不产生影响。

（2）倾角是小角度情况下，对寻北结果产生影响的是横倾角 γ，横倾角 γ 对寻北影响结果同 γ 大小成正比。

（3）倾角是小角度情况下，不同纬度地区，同样横倾角 γ 对寻北影响结果不同，与纬度正切成正比。

为了提高设备的使用性，尤其是在车载自动调平精度很低、时间要求很紧的情况下，采取补偿措施，抑制或消除基座不平带来的影响是非常重要的。由式（4-9）可以看出，只要在寻北 A/D 采样的同时，获取基座的横倾角 γ，就可在运算结果中消除陀螺本体基座不水平带来的影响，保证寻北精度。

4.2 基座倾角测量系统硬件设计

如果要依据式（4-9）进行基座倾角测量补偿，关键问题是如何准确获取横倾角 γ。

基座倾角测量系统采用的倾角传感器是电解质型倾角传感器，它是根据重力作用原理，借助在重力作用下液面为一绝对水平面这一天然基准来进行倾角的测量。电解质型倾角传感器具有性质稳定，测量精度高的特点，但电解质型倾角传感器容腔中的电解质在传感器倾斜时会黏附在容腔壁上，且随时间变化逐渐滑落到电解质容腔，动态响应不是很好，最终影响测量的精度。因为我们实际应用中相当于是一种准静态测量，倾角动态变化并不明显，这样动态响应就不是限制因素了，所以在基座倾角测量中选用电解质型倾角传感器，并设计了具体硬件电路。

在进行硬件电路的设计时，不仅要求系统能准确测量基座横倾角 γ，还要实现系统小型化、数字化、智能化，并能避免环境因素的干扰。方案设计中采用了两个独立的传感器，在安装时保证这两个传感器的敏感轴呈正交状态，并

第4章 基座倾斜对寻北精度的影响及补偿系统设计

且有各自独立的调理电路。由于两路电路的设计、组成和工作原理完全相同，下面以其中一路信号为例，详细介绍其信号处理全过程。

硬件电路主要由传感器及驱动电路、信号放大电路、模拟开关斩波电路、信号再放大电路、采样电路、温度测量电路以及电平转换电路组成。系统电路原理图如图4-1所示。

1. 微处理器单元[100]

1) 在本设计中，所需要的微处理器承担的主要任务

（1）产生一定频率的方波信号源，经放大后用以驱动电解质型倾角传感器工作。

（2）对调理过的两路模拟信号进行A/D采样。

（3）按照模型进行运算处理。

（4）进行SMBus/I2C、增强型UART接口通信等。

针对系统需求，选择C8051F120单片机系统作为信号处理运算单元。C8051Fxxx系列单片机是一种高度集成的SoC型芯片，具有与8051单片机兼容的微控制器内核，与MCS-51指令系统完全兼容。除具有标准8051单片机的数字外设部件外，还具有数据采集和控制系统中常用的模拟部件及其他数字外设部件。

2) C8051F120单片机的主要特点

（1）64个端口I/O，容许5V输入，供电简单。

（2）8051兼容的CIP-51内核，运行速度可达100MIPS，并支持全速、非侵入式的在线系统调试。

（3）带有高精度可编程的24.5MHz内部振荡器，省去外接晶振的麻烦。

（4）可编程计数器/定时器阵列（PCA）具有5个捕捉/比较模块和看门狗定时器功能，可用以产生方波信号并方便改变方波频率。

（5）带有12位，8通道，100KSPS采样速率的单端/差分ADC，通过过采样等软件处理技术，至少可保证12位的精度，精度和转换速度能满足本系统使用要求。

（6）带有温度传感器，可方便测量环境温度，免外接温度传感器。

（7）128KB在片Flash存储器，无须外接程序存储器，方便程序存储。

（8）硬件实现的SMBus/I2C、增强型UART和SPI串行接口，与外界通信方便[101]。

C8051F系列的单片机既能处理数字信号也能处理模拟信号，片上带有本系统设计所需要的几乎所有资源，为系统高度集成奠定基础[95]。

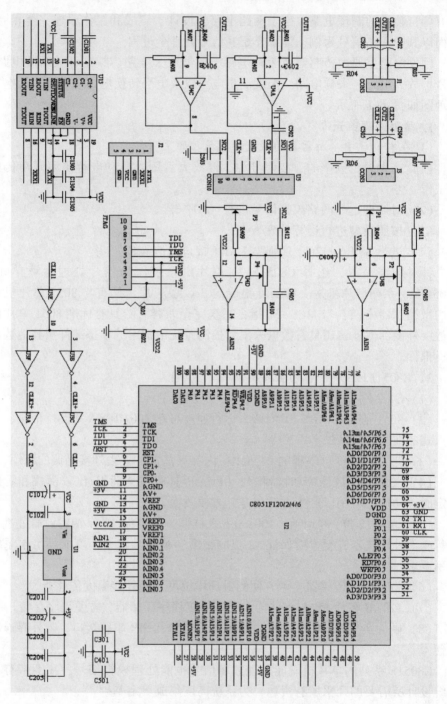

图 4-1 基座倾角测量系统电路原理图

2. 电解质型倾角传感器及其驱动电路

为了准确测量本体基座的倾斜量，需要对基座的两个垂直方向上的倾斜角度分别进行测量。在选用传感器时，有两个方案可供选择[102]。

（1）采用双轴电解质型倾角传感器。双轴电解质型倾角传感器可以同时测量出两个垂直轴向上的倾斜角度。具有测量速度快，电路简单的特点。但是双轴电解质型倾角传感器存在较为严重的极间耦合问题，且难以消除。由于两个敏感方向的电极共用同一个传感器容腔内的电解质溶液和一个共用电极，在现有的加工精度下，会不可避免地产生极间耦合的问题，即当一个方向上倾斜时，另一个方向会敏感到微小的分量[103]。这种极间耦合在一般精度测量中可以忽略，但是在高精度测量中不可忽略[104-105]。

（2）采用两个单轴电解质型倾角传感器。由于两个传感器单独激励，不存在极间耦合问题，而且单轴电解质型倾角传感器具有更高的测量精度。因为毕竟是用了两个传感器，所以系统集成度没有采用双轴倾角传感器好。

综合单轴与双轴倾角传感器的特点，本系统选用两个同型号的电解质型单轴倾角传感器 SX-003D-NULL，单调变化范围为 $-3°\sim+3°$，其中线性变化范围为 $-0.5°\sim+0.5°$，分辨率为 $0.5''$，重复性为 $1.08''$（$0.0003°$），响应时间为 15ms。传感器安装在随动壳体上，在寻北过程中伴随着随动壳体旋转[94]。

电解质型倾角传感器工作原理如图 4-2 所示。在一个密封壳体内装有电解质导电液，将 3 根电极浸入导电液中，间距相等。将 3 根电极引出接成差动电桥，由交流电源 U_C 激励。当传感器处于水平位置时，3 根电极浸入导电液中的深度相同，电极 a 和 c 之间的导电液与电极 b 和 c 之间的导电液面相同，电阻相同，即电桥平衡，输出为零；当传感器倾斜某一角度 ε 时，3 根电极浸入导电液中的深度发生改变，电极 a 和 c 之间的导电液面与电极 b 和 c 之间的导电液面不相同，电阻也就不相同，电桥失去平衡，输出不为零，输出信号的大小正比于传感器倾角的正切。当倾角 ε 较小（$\varepsilon<5°$）时，$\tan\varepsilon\approx\varepsilon$，输出电

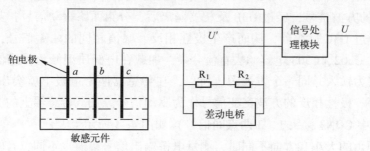

图 4-2 电解质型倾角传感器工作原理

压与倾角 ε 成正比,信号的极性与传感器的倾斜方向有关。

由于选用的是电解质型倾角传感器,因此电桥驱动输入必须是一个交变信号,否则传感器的电解液将会发生电解,图 4-3 是所设计的倾角传感器驱动及放大处理电路,CON3 的 1、2 和 3 点接倾角传感器的 3 根电极,电阻 R03 和 R04 与电极 1、2 之间电阻和电极 2、3 之间电阻构成测量电桥,在 CON3 的 1、3 两点间加激励信号,随着倾角大小和方向的不同,CON3.2 对地信号幅值及与初始激励信号的相位不同[106]。

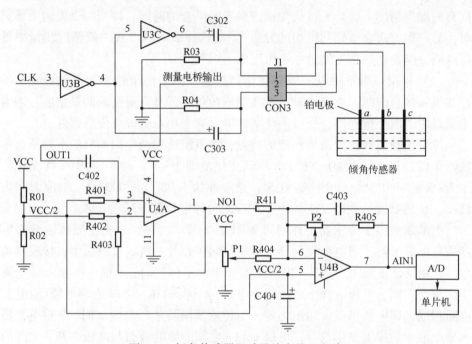

图 4-3 倾角传感器驱动及放大处理电路

激励的原始输入来自 C8051F120 单片机的 PCA0(可编程逻辑阵列)产生的 1kHz 的方波信号,经过 U3B 反相器隔离后,分为两路驱动信号,其中一路信号再经过 U3C 反相器,从而产生极性相反、幅值相同的两路信号,这两路信号通过 C302、C303 电容滤去直流分量,加载在电解质型倾角传感器两个电极上,因为输入是同一个方波源,所以,在传感器两个电极上就会出现 1kHz 幅值相等、极性相反的方波交变信号作为驱动信号。加载传感器上的激励信号(图 4-3 中 CON3 接头 1、3 两点间信号)如图 4-4 所示[107]。

当倾角的大小和方向不同时,测量电桥输出信号幅值也不同,且输出信号的相位与初始激励信号的相位也不同,图 4-5(a)~(d)所示为倾角从左高右

第4章 基座倾斜对寻北精度的影响及补偿系统设计

低逐渐变化到左低右高时传感器输出信号的幅值和相位的变化,图4-5中上半部分波形为激励信号,下半部分波形为传感器输出信号[108-109]。

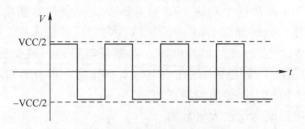

图4-4 激励信号时序图

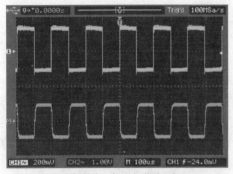

(a) 左倾较大,输出与激励反相

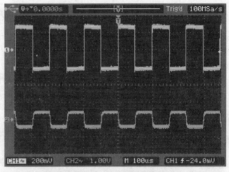

(b) 左倾减小,输出信号幅度减小

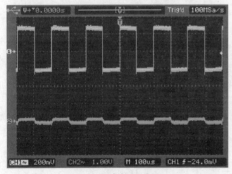

(c) 倾角接近于0

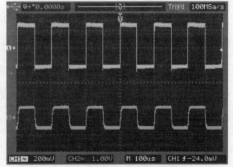

(d) 向右倾斜,输出与激励反相

图4-5 测量电桥输出信号波形随倾角大小和方向的变化图

3. 基于参考电压的信号放大电路

信号放大电路是一个同相交流放大器,如图4-3所示,电桥输出的含有倾角大小和方向信息的方波信号经电容C402隔直后加在放大器的同相输入端。由于传感器输出的信号是极性信号,即有正有负,而系统又是单电源

(+5V) 供电，这对以后的处理造成了以下两点难度：一是负值模拟电压的采集及转换实现较为困难；二是在软件处理时需要将绝对值相同的信号同倾角一一对应起来。为了解决这个问题，在 VCC 和地之间经过精密电阻分压，得到 VCC/2 参考电压，同时加在 U4A 的同相输入端和反相输入端，从而在输出端可以得到一个 VCC/2 的直流偏移电压。当测量电桥输出的交流信号加入后，是在 VCC/2 的基础上变化而不是在地电位上下变化，相当于加入了 VCC/2 的直流分量，从而使放大器输出均为正。

信号放大电路的交流放大倍数为

$$\frac{u_{1o}}{u_{1i}} = 1 + \frac{R_{402}}{R_{401}} \tag{4-10}$$

信号放大电路输出信号对地电位 U_{1o} 为

$$U_{1o} = \frac{\text{VCC}}{2} + u_{1i} \cdot \left(1 + \frac{R_{402}}{R_{401}}\right) \tag{4-11}$$

4. 基于 SGM3005 双路单刀双掷开关的整流电路

图 4-6 所示为不同倾角和方向下信号放大电路实际输出波形图，显然，根据图 4-6 所示波形，还不能一眼看出基座倾角的大小和方向，倾角大小还稍微直观一些，因为倾角大小信息隐藏在波形峰峰值信息当中，但倾角方向信息隐藏在放大器输出信号与传感器驱动信号之间的相位关系当中，不那么直观，所以还需要相敏整流，以便更直观地观察基座倾角信息。

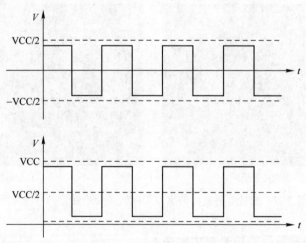

图 4-6 不同倾角和方向下信号放大电路实际输出波形图

为了更直观地观察基座倾角的大小和方向，系统以 SGM3005 双路单刀双掷开关为核心器件，利用 C8051F120 单片机 PCA0 产生的 1kHz 的方波信号

（与传感器驱动信号的一路同相位）控制其通断，变成断续的直流信号，再经过续流电容，变成连续模拟信号，来反映基座倾角信息，整流电路如图4-7所示[95]。

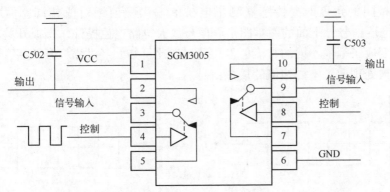

图4-7　模拟开关整流电路

SGM3005是双路单刀双掷模拟开关，以+1.8~+5.5V电压为驱动信号，导通电阻只有0.5Ω，开启时间16ns，关断时间15ns。具有片上阻抗低、在工作范围内变化平滑、线性度好的特点，适用于高精度电路调理。SGM3005的3、9点接信号输入，4、8接模拟开关打开控制信号输入，当控制信号为高电平（高于2.4V）时，3、5点连接，当控制信号为低电平时，3、2点连接。

由于SGM3005的输入信号与控制信号的关系要么是同相，要么是反相，所以输入信号经过模拟开关整流后就只取上部分或下部分，并在续流电容的作用下，变成如图4-8所示的一连续平滑的模拟信号。

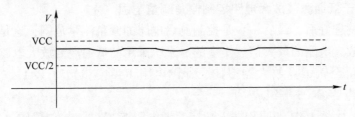

图4-8　经模拟开关SGM3005斩波后输出的连续平滑信号

这样，经过模拟开关的斩波整流，使输出信号与基座的倾斜角度形成单一对应关系，电解质型倾角传感器的倾角信息唯一反映在输出信号的幅值上。当传感器向不同的方向倾斜相同的角度时，传感器测量电桥的输出电压幅值绝对值相同，但相位差180°，经信号放大电路电位提升、模拟开关斩波整流后，变成了幅值不同的直流信号，也就是说只要知道信号的幅值，就可获得基座倾角的大小和方向信息，这就为信号后续处理带来极大方便[95]。

图 4-9 是同一倾角但不同方向情况下信号放大器输出和模拟开关整流电路输出的比较，上面的两幅图是激励信号，中间的两幅是当传感器向不同的方向倾斜相同的角度时，传感器测量电桥的输出幅值绝对值相同，但相位差 180°的电压信号，下面的两幅图是经信号放大电路电位提升、模拟开关斩波整流后，变成了幅值不同的直流信号。通过对比可知，经过模拟开关后，两个角度信号被处理成了不同幅值的模拟信号。

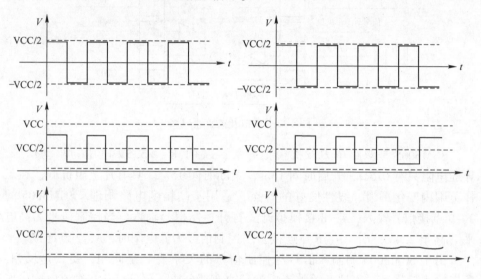

图 4-9 正负倾角处理过程对比

5. 基于低通滤波放大电路控制倾角测量范围

信号调理好后，最后一步是控制测量电路的倾角测量范围，这是通过调整低通滤波放大电路的放大倍数实现的。系统采用的低通滤波放大电路如图 4-3 所示，由轨至轨运算放大器 U4B、外围电阻 R404、R405、R411、可调电阻 P1、P2、电容 C403 等组成[95]。

运算放大器 U4B 的同相输入端接参考电压 VCC/2，电位器 P1 的中间抽头通过电阻 R404 接入运算放大器 U4B 的反相输入端，调节 P1 抽头的位置，可调节偏置。电容 C403 和电阻 R404、R405、R411 组成低通网络 RC，接入运算放大器反馈回路，构成有源低通滤波器，其截止频率 f 为[95-96]：

$$f = \frac{1}{2\pi R_{411} C_{403}} \quad (4\text{-}12)$$

通过选择合适的电路参数，可将截止频率控制在 500Hz，从而使电路滤去绝大部分干扰。

调节 P2 抽头的位置，可调节信号放大倍数。设电位器 P1 中心抽头的偏置电压为 U_{offset}，上级整流电路输出（本级输入）电压为 U_{in}，则运放最终输出电压 U_{out} 表达式为

$$U_{\text{out}} = \frac{\text{VCC}}{2} + \frac{R_{405}+P_2}{R_{404}}\left(\frac{\text{VCC}}{2}-U_{\text{offset}}\right) + \frac{R_{405}+P_2}{R_{411}}\left(\frac{\text{VCC}}{2}-U_{\text{in}}\right) \quad (4\text{-}13)$$

4.3 零点确定与当量标定

1. 倾角测量系统零位动态标定

基座倾角测量系统在最终计算倾角前必须进行零位标定（标零）和确定当量。标零，是指在基座倾角为零时，要确定系统的输出电压，正常情况下，真零位电压应该是 VCC/2；确定当量，是指在基座倾角每变化 1″时，要确定输出电压的变化量。

假设基座严格调平、倾角为 0 时，由于受到传感器安装调校误差及电路电桥非严格对称等因素影响，经系统 A/D 采样电路采到的代表基座倾角的直流信号并非是 VCC/2，因此微处理器就会计算出此时基座有一倾角 κ，κ 即是测量零位，代表基座倾角为零的位置。此角度是一系统误差，如果不进行严格标定并在系统最终运算中加以扣除，将会严重影响系统的测量精度。由于受到温度、运输、振动、放置变形、电路参数发生漂移等各种环境因素影响，系统零位并不是固定不变的，长期观察来看，零位会发生变化。如果系统以调试结果或某一次的测量结果为准来修正此零位，也会带来较大误差。因此，针对磁悬浮陀螺寻北仪基座倾角测量系统的使用特点，本系统设计了一套全新的动态标零方法，即在使用测量过程中，临时标定零位，从而能完全消除系统误差的影响，提高测量精度。

零位标定与测量原理如图 4-10 所示，AA 为需要测量倾角大小的工作面，V 为工作面 AA 的旋转轴线，AB 为水平面，AC 为传感器安装定位平面，AC 与 AA 的夹角即是测量零位 κ，如图 4-10（a）所示。在磁悬浮陀螺寻北仪进行二位置寻北过程中，因为传感器是安装在随动壳体上，并围绕着随动壳体旋转轴 V 转动，在第一位置时，图 4-10（b）中，由于陀螺本体基座没有调平，造成被测工作面本身不水平，与水平面 AB 有一夹角 ν，系统实际输出倾角 ν_1 为

$$\nu_1 = \nu + \kappa \quad (4\text{-}14)$$

当转至第二位置时（该位置与第一位置相差 180°，为对径关系），如

图 4-10（c）所示，系统实际输出倾角 ν_2 为

$$\nu_2 = \nu - \kappa \tag{4-15}$$

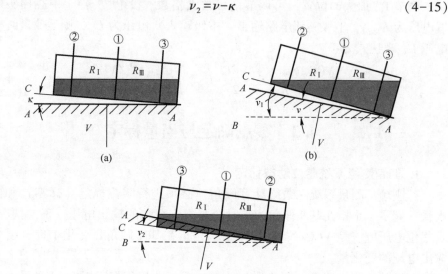

图 4-10 零位标定与测量原理示意图

根据两次测量结果，即由式（4-14）和式（4-15）可计算出倾角测量零位 κ 为

$$\kappa = (\nu_1 - \nu_2)/2 \tag{4-16}$$

而在实际运作过程中是用下式来计算壳体纵倾角和横倾角。

$$\nu = (\nu_1 - \nu_2)/2 \tag{4-17}$$

式（4-16）计算的测量零位存储在数据文件中，在下一次单位置粗寻北过程使用。

根据倾角传感器的安装特点，结合磁悬浮陀螺寻北仪的寻北过程，采用上述的方法动态标定倾角测量系统零位，很好地解决了零位长期不稳定问题，有效提高了倾角测量系统的测量精度。

2. 测量当量标定与调整

为了计算并显示倾角偏差值，只知道零位电压是不够的，还必须知道测量当量，即倾角每变化 1″时，输出电压的变化量，或者说电压每变化 $5/2^{12}$ V（即 1.22mV）时，倾角变化量（采样幅度最大为 5V，ADC 采样位数为 12 位），然后通过所建立的数学模型，才能换算出倾角的大小及方向。

在系统设计过程中，把量程定在传感器的线性输出范围±0.5°，即当系统输出电压分别为 0V 和 5V 时，输出倾角应对应为 -0.5°和 +0.5°，因此系统的

第4章 基座倾斜对寻北精度的影响及补偿系统设计

设计当量理论值应为 0.72s/mV，受 A/D 采样位数的限制，系统分辨率为 0.88″，与所选传感器分辨率 0.5″相当。实际上，在系统装配集成后，测量当量的实际值受传感器个性差异、电路参数、放大倍数的微小不同等影响，有差异，因此必须对当量进行标定。

(1) 标定方法。测量当量标定试验系统如图 4-11 所示，在可调平基座上固定一个平面镜装置，沿平面镜法线方向用硅胶粘接需要标定的传感器，将传感器与其配套的处理电路一一对应，选用测量精度较高的 T3A 自准直经纬仪（0.5″级，可以用 T2002 电子经纬仪代替）与平面镜装置准直，微调可调平基座，读取 T3A 自准直经纬仪垂直角示值 x_i，测量出基座相对倾角，倾角测量系统测出基座倾角所代表的电压 y_i，重复 m 次，读出一组数据，然后经过最小二乘法数据拟合完成标定[110-111]。

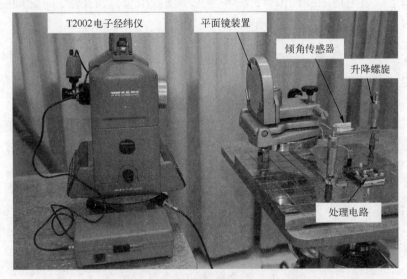

图 4-11 倾角测量当量标定方法示意图

(2) 最小二乘法数据拟合。设 (x_i, y_i)，$i=1,2,\cdots,m$ 为一组测量数据，y_i 为当前倾角所代表的测量电压，x_i 为对应的倾角值，它们近似地满足函数[112]

$$y = ax + b \tag{4-18}$$

式中：常数 a 为要标定的测量当量。

根据最小二乘法原理，常数 a、b 的选择是根据偏差的平方和最小来选择的，偏差的平方和为

$$M = \sum_{i=1}^{m} [y_i - (ax_i + b)]^2 \tag{4-19}$$

上式的值最小时，应满足：

$$\begin{cases} \dfrac{\partial M}{\partial a} = -2\sum_{i=1}^{m}[y_i - (ax_i + b)]x_i = 0 \\ \dfrac{\partial M}{\partial b} = -2\sum_{i=1}^{m}[y_i - (ax_i + b)] = 0 \end{cases} \quad (4-20)$$

整理，得

$$\begin{cases} a\sum_{i=1}^{m}x_i^2 + b\sum_{i=1}^{m}x_i = \sum_{i=1}^{m}y_i x_i \\ a\sum_{i=1}^{m}x_i + mb = \sum_{i=1}^{m}y_i \end{cases} \quad (4-21)$$

求出式（4-21）的解 a，b，就得到了测量当量。

以上只是考虑的线性拟合，如果考虑多项式拟合，则变量 x,y 之间的数学模型为

$$y = \sum_{j=0}^{n}a_j x^j = a_0 + a_1 x + \cdots + a_n x^n \quad (n < m) \quad (4-22)$$

用最小二乘法确定方程系数 $a_0, a_1, \cdots, a_n$ 即完成了数据处理，建立起数学模型。在用计算机进行运算时，只需直接调用最小二乘法运算函数即可。

表 4-1 为其中一个倾角通道标定完成之后的测试数据，原始数据图形如图 4-12（a），根据这一组数据，分别用线性拟合（$n=1$）和二次多项式拟合（$n=2$），得到图 4-12（b）和图 4-12（c），其中线性拟合时，a_1 值为 0.8756，用二次多项式拟合时，a_1 为 0.884，与线性拟合值基本一致，而 a_2 为 1.93×10^{-6}，非常小，同时，两种拟合残余误差水平分别为 67.38 和 66.99（图 4-12（d）），基本一致，这说明，在其他外界因素不变的情况下，倾角与所测量电压呈线性关系。拟合多项式中的 a_1 就是"测量当量"。

表 4-1　测量当量标定测试记录表

序号	T3A 示值	ADC0 采样值		倾角变化 /(″)	备　注
		（十六进制表示）	（十进制表示）		
0	89°31′06″	0x010	16	0	开始状态
1	89°36′21″	0x17a	378	315	
2	89°42′12″	0x2e3	739	666	
3	89°48′01″	0x46a	1131	1015	
4	89°53′31″	0x5f3	1518	1345	
5	89°59′27″	0x7a9	1961	1701	
6	90°03′51″	0x8c4	2244	1965	

第4章 基座倾斜对寻北精度的影响及补偿系统设计

续表

序号	T3A 示值	ADC0 采样值		倾角变化 /(″)	备注
		（十六进制表示）	（十进制表示）		
7	90°09′54″	0xa2c	2604	2328	
8	90°14′41″	0xbbc	3004	2615	
9	90°19′17″	0xccd	3277	2871	
10	90°24′36″	0xe60	3680	3210	
11	90°28′47″	0xf54	3924	3461	

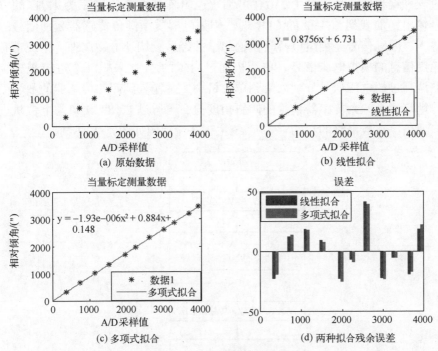

图 4-12 测量当量标定数据

（3）当量调整。当标定的当量值与理论设计值相差较大时，可调整信号低通滤波放大电路（图 4-3）中的电位器 P2，改变电路放大倍数，从而调整当量，然后利用前述方法重新标定。测量当量调整采用硬件粗调与修改记录当量的数据 Flash 单元进行精确运算相结合的办法进行。

当测量当量调整到与设计值基本一致，精细调校就不再进行，将最后测量当量标定值记录下来，写入单片机相应 Flash 单元即可。在年检计量标定时，一般情况下硬件调整不再进行，只需调用测量当量标定软件标校程序进行软件当量修改。

4.4 系统的软件设计

系统软件部分主要包括必要的初始化程序、产生电解质型倾角传感器驱动信号、数据采集程序、软件滤波程序、数据运算处理程序和单片机串口通信程序等。

系统主程序的作用是完成系统的初始化,判断调用各子程序,对各个子程序的功能进行整合链接。初始化将单片机的晶振设定为 24.5MHz,将交叉开关端口配置到相应总线和管脚上去,设定好串口通信的波特率和通信协议。通过软件编程使单片机的 PCA0(可编程逻辑阵列)产生频率为 1kHz 的方波信号输出,加载到图 4-3 的 CLK 端,作为电解质型倾角传感器激励信号的原始输入。激励信号经测量电桥转换输出,并经后续调理电路调理,生成带有倾斜角度信息的模拟电压信号。单片机通过内置的 A/D 采样环节进行采样,将两路调理过的电压信号分别采集到单片机中,并输入到倾角传感器的数学模型中,解算每个倾角传感器精确的倾斜角度值,再通过 UART 接口与上位机进行串口通信,完成最终的目的[95]。系统主程序流程图如图 4-13 所示。

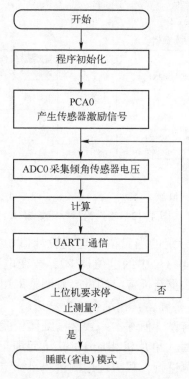

图 4-13 激励信号产生流程图

（1）初始化程序。系统主程序初始化主要是对单片机 C8051F120 的外设进行工作前的必要准备。主要完成以下几项工作：系统晶振初始化，交叉端口设置，串口 UART 初始化配置，ADC0 初始化，定时器 TIMER2 初始化。通过程序初始化后，单片机的外设设备可以根据方案的设定，实现预定的功能。

（2）驱动信号发生程序。驱动信号发生程序的作用是产生倾角传感器的驱动信号，以激励传感器进行工作。由于倾角传感器内部的电解质溶液在直流电作用下会发生电解质电解而造成永久性破坏，所以必须避免激励信号中含有直流分量。在此方案中采用单片机对传感器进行驱动，单片机的输出信号一般分为以下几类：具有固定占空比的连续脉冲输出；占空比变化的连续脉冲输出；单脉冲信号等。为了用脉冲信号对传感器进行驱动，消除直流分量的影响，将占空比设定为 1。用单片机产生频率信号激励电解质型倾角传感器，使得传感器在倾斜时输出频率与激励信号频率相同、且幅值随倾角变化的电压值。在此用 C8051F340 单片机的可编程计数器阵列（PCA0）的增强定时器功能来产生频率信号，时基信号为 12 分频的频率输出，最终输出 1kHz 的频率输出。作为增强的定时器功能，PCA0 产生驱动传感器的 1kHz 频率信号，故采用频率输出方式。激励信号产生流程图如图 4-14 所示。

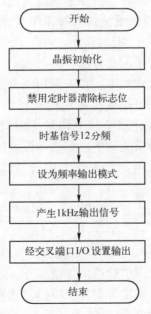

图 4-14　激励信号产生流程图

(3) 数据采集子程序。数据采集子程序的作用是将调理好的模拟电压信号准确地通过多路模拟开关（AMUX）送入 A/D 采样并转换为数字信号。此处采集程序采用中断程序，由定时器定时产生中断信号，驱动采集信号进行采集。

为了在信号采集阶段提高电压采样精度，需对采集的信号进行滤波处理，这主要是考虑以下两个方面的因素[113]。

① 从测量的精度考虑。由于采集的模拟信号为缓变信号，所以在短时间内由于倾角变化引起的传感器电压输出是近似不变的。而来自单片机系统外界和自身的干扰因素，又会使传感器电压信号产生一定的干扰抖动。如果只进行一次采样，就可能出现只采样到抖动电压，而丢失真正电压信息的情况。为了准确地采集到传感器倾角电压信号，消除由于干扰引起的电压抖动，需要高速采集一列数据并进行滤波处理以提高采集精度。

② 从测量的速度考虑。为了使采集的数据反映传感器同一状态的输出，要求尽可能快的采集。综合以上考虑，此处数据采集应用中断程序，且采样时间间隔要足够小。

(4) 数字滤波程序。从传感器采集的电压信号常由于环境干扰和硬件干扰带有噪声，必须对采集的信号进行滤波。常用的软件滤波法有限幅滤波法、中位值滤波法、算术平均滤波法、滑动平均滤波法以及用这 4 种方法组合出的软件滤波法[35]。其中由中位值滤波法和算术平均滤波法组合起来的中位值平均滤波法（又称防脉冲干扰平均滤波法）融合了两种算法的优点，适用于液位缓慢变化的信号，故此处采用此方法。

中位值平均滤波法的原理如下：首先采用中位值滤波法。采集数据时，一次连续采集一组电压信号 U，则此组电压信号可以表示为 $V_0, V_1, V_2, \cdots, V_{n-2}, V_{n-1}, V_n$。由于传感器液位变化属于缓变信号，而且采集时间很短，传感器基本没有变化，所以可以认为采集到的这列信号反映的是传感器同一状态的电压输出。接下来对这列数据采用"冒泡法"进行数据排序，得到一列新的由小到大的数据排列：$V_{k_0}, V_{k_1}, V_{k_2}, \cdots, V_{k_{n-2}}, V_{k_{n-1}}, V_{k_n}$。接下来利用算术平均滤波法，去掉前后最大和最小的 i 个数据，取剩余 $(n-2i)$ 个采样值的数据求平均得到：

$$\overline{V} = (V_{k_i} + V_{k_{i+1}} + \cdots + V_{k_{n-i-1}} + V_{k_{n-i}}) / (n-2i) \tag{4-23}$$

则 $\overline{V}$ 即为采集的最终结果。中位值平均滤波法能有效克服偶然因素引起的波动干扰，可消除由于脉冲干扰所引起的采样值偏差。适用于对一般具有随机干扰的信号进行滤波，对液位、温度等变化缓慢的被测参数有良好的滤波效果。

在测量方案中，一次数据采集 16 次，排列后取中间 8 个数据取平均。程序流程图如图 4-15 所示。

第4章 基座倾斜对寻北精度的影响及补偿系统设计

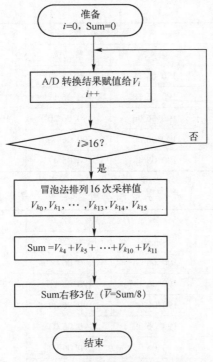

图 4-15 数据滤波程序流程图

4.5 基座倾斜补偿试验

为了验证寻北仪基座倾斜补偿方案是否有效,进行了如下试验:仪器参考方向放在北向上,分别在南北方向(影响纵倾角 θ)和东西方向(影响横倾角 γ)调出一定的偏差,分别进行无补偿运算和带补偿运算程序,每个位置各寻两次北,结果如表 4-2、表 4-3 所列。

表 4-2 未进行基座倾斜补偿寻北结果

倾斜方向/(″)		寻北结果		均 值	方 差
γ	θ	第一次	第二次		
$\gamma=0$	−30	190°06′06″	190°06′04″	190°06′9.3″	11.5
	−15	190°06′14″	190°06′11″		
	0	190°06′06″	190°06′20″		
	15	190°06′09″	190°06′03″		
	30	190°06′08″	190°06′09″		

续表

倾斜方向/(″)		寻北结果		均值	方差
γ	θ	第一次	第二次		
-30		190°06′28″	190°06′32″		
-15		190°06′18″	190°06′17″		
0	$\theta=0$	190°06′06″	190°06′20″	190°06′9.3″	11.5
15		190°06′00″	190°06′00″		
30		190°05′48″	190°05′47″		

表4-3 进行基座倾斜补偿运算后寻北结果

倾斜方向/(″)		寻北结果		均值	方差
γ	θ	第一次	第二次		
	-30	190°06′06″	190°06′04″		
	-15	190°06′14″	190°06′11″		
$\gamma=0$	0	190°06′06″	190°06′20″		
	15	190°06′09″	190°06′03″		
	30	190°06′08″	190°06′09″	190°06′9.1″	4.44
-30		190°06′07″	190°06′09″		
-15		190°06′08″	190°06′07″		
0	$\theta=0$	190°06′06″	190°06′20″		
15		190°06′10″	190°06′10″		
30		190°06′08″	190°06′07″		

从表4-2、表4-3可以看出,在没有进行基座倾斜补偿时,寻北结果方差为11.5″,经补偿后寻北结果方差为4.4″,补偿效果明显,并且这种效果将随着基座倾角的增大而逐渐增强。

第5章 基座扰动对寻北精度的影响及相应的补偿措施

在军用和民用定向中,陀螺寻北仪的应用日渐广泛,它能在静态下全天候、全方位、快速、实时地测定北向,从而确定载体方位角,即载体的某一参考轴与真北方向之间的夹角,以作为观测、目标瞄准以及导航系统的方位基准,也可以作为隧道和矿山等地下作业的方位基准。在军事领域的应用中,尤其要求陀螺寻北仪能在短时间内实现精确快速定向[114]。

在矿山测量、航空和武器系统等大多数应用场合,要求陀螺寻北仪在地理南北纬度±70°范围内的测量精度达到1mrad（0.057°）。当寻北精度为1mrad时,要求测量地球自转角速度水平分量的测量精度达到10^{-3}数量级。当纬度为±50°时,地球自转角速度水平分量为0.16828rad/h,这要求陀螺寻北仪必须能够测量0.16828mrad/h的小角速度。如果要求寻北精度为0.1mrad（20.6265″）,则要求陀螺仪必须能够测量0.016828mrad/h的小角速度。由于陀螺寻北仪工作时安装在基座上,而基座架设在地球表面,所以,陀螺不仅能够敏感地球自转的水平分量,而且还能敏感通过基座传递过来的全部绕其敏感轴的线运动和角运动干扰,这也意味着任何内部或外部微小的扰动都将严重影响寻北仪的寻北精度。

但是,在陀螺寻北仪实际工作过程中,不可避免地会受到阵风、车辆底盘发动机组和车载柴油发电机组工作引起的地表震动、地面沉降、操作人员的活动等许多外部因素影响,使基座发生运动,从而使得陀螺寻北仪输出的信号中不仅包含有地球自转的有用信息,还有不同成分的干扰噪声,这些干扰噪声将严重影响陀螺寻北仪的寻北定向精度。因此,对于外界环境干扰所引起的基座的扰动必须进行深入研究,分析基座扰动对寻北精度影响的机理,并采取有效的措施来减小或降低基座扰动对寻北仪的影响[115-116]。

陀螺寻北仪输出的信号中包含有用信号和干扰噪声,其中有用信号为低频直流信号,而干扰噪声既有高频噪声,也有低频扰动。如果采用低通滤波,则可以较好地抑制25Hz以上的高频噪声,但对0.1~20Hz之间的低频扰动,低通滤波效果并不明显。因此,在低信噪比的情况下,如果采用低通滤波,不仅对信噪比改善不大,而且还会模糊了位置(时间)信息。

在时域中进行的卡尔曼滤波,可以在最小均方误差条件下得到信号的最佳估计,速度较快,但应用卡尔曼滤波需要知道信号精确的数学模型和噪声的先验统计知识,否则会导致较大的状态误差,甚至造成滤波发散。由于陀螺受到外部环境的扰动是多种不确定因素造成的,无法建立精确的数学模型,因此无法使用卡尔曼滤波器[117]。

小波分析具有优良的多分辨率分析特性,特别适用于陀螺的非平稳信号。又由于小波分析不需要系统的误差模型,比较适用于扰动基座下对寻北仪的输出信号进行滤波。国内外许多学者已经将小波分析应用在陀螺仪的输出信号处理中[118]。

基座扰动对陀螺寻北仪输出的影响主要表现在两个方面。

(1)外界的干扰使基座发生倾斜(如地基沉降),改变了基座的水平状态,使得地球自转角速度在陀螺敏感轴上的投影发生改变,从而使陀螺输出信号含有噪声,影响陀螺寻北仪的寻北精度[119]。

(2)基座扰动产生的角运动,陀螺会直接敏感角运动变化。

5.1　基座扰动使倾斜量 θ、γ 发生变化对寻北精度的影响

根据2.3.1节建立的地理坐标系 $o_n x_n y_n z_n$ 和载体坐标系 $o_b x_b y_b z_b$,假设基座没有精确调平,即载体坐标系的 x_b 轴和 y_b 轴不在水平面内,则地理坐标系 $o_n x_n y_n z_n$ 向载体坐标系 $o_b x_b y_b z_b$ 的转换顺序为

$$o_n x_n y_n z_n \xrightarrow[\text{变换矩阵 } \boldsymbol{C}_\alpha]{\text{绕 } oz_n \text{ 轴转 } \alpha \text{ 角}} ox_{b1} y_{b1} z_{b1} \xrightarrow[\text{变换矩阵 } \boldsymbol{C}_\gamma]{\text{绕 } oy_1 \text{ 轴转 } \gamma \text{ 角}} ox_{b2} y_{b2} z_{b2} \xrightarrow[\text{变换矩阵 } \boldsymbol{C}_\theta]{\text{绕 } ox_1 \text{ 轴转 } \theta \text{ 角}} o_b x_b y_b z_b$$

其中

$$\boldsymbol{C}_\alpha = \begin{bmatrix} \cos\alpha & -\sin\alpha & 0 \\ \sin\alpha & \cos\alpha & 0 \\ 0 & 0 & 1 \end{bmatrix}, \boldsymbol{C}_\theta = \begin{bmatrix} 1 & 0 & 0 \\ 0 & \cos\theta & \sin\theta \\ 0 & -\sin\theta & \cos\theta \end{bmatrix}, \boldsymbol{C}_\gamma = \begin{bmatrix} \cos\gamma & 0 & -\sin\gamma \\ 0 & 1 & 0 \\ \sin\gamma & 0 & \cos\gamma \end{bmatrix}$$

(5-1)

α、θ、γ 分别为载体的方位角(航向角)、纵倾角(俯仰角)和横倾角(横滚角),其中,方位角 α 以绕 z_b 轴负方向旋转为正,θ、γ 方向按右手螺旋定义,则

第5章 基座扰动对寻北精度的影响及相应的补偿措施

$$C_n^b = C_\gamma C_\theta C_\alpha = \begin{bmatrix} \cos\gamma & 0 & -\sin\gamma \\ 0 & 1 & 0 \\ \sin\gamma & 0 & \cos\gamma \end{bmatrix} \begin{bmatrix} 1 & 0 & 0 \\ 0 & \cos\theta & \sin\theta \\ 0 & -\sin\theta & \cos\theta \end{bmatrix} \begin{bmatrix} \cos\alpha & -\sin\alpha & 0 \\ \sin\alpha & \cos\alpha & 0 \\ 0 & 0 & 1 \end{bmatrix}$$

$$= \begin{bmatrix} \cos\gamma\cos\alpha+\sin\gamma\sin\theta\sin\alpha & -\cos\gamma\sin\alpha+\sin\gamma\sin\theta\cos\alpha & -\sin\gamma\cos\theta \\ \cos\theta\sin\alpha & \cos\theta\cos\alpha & \sin\theta \\ \sin\gamma\cos\alpha-\cos\gamma\sin\theta\sin\alpha & -\sin\gamma\sin\alpha-\cos\gamma\sin\theta\cos\alpha & \cos\theta\cos\gamma \end{bmatrix}$$

(5-2)

地理坐标系 $o_n x_n y_n z_n$ 向载体坐标系 $o_b x_b y_b z_b$ 转换如图 5-1 所示。

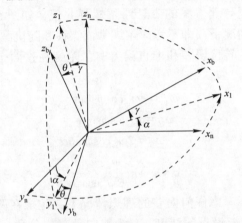

图 5-1 地理坐标系向载体坐标系转换示意图

在惯性坐标系 $o_i x_i y_i z_i$ 中,地球自转角速度矢量 Ω 可表示为

$$\Omega_{is}^i = [0 \quad 0 \quad \omega_{ie}]^T \tag{5-3}$$

在地理坐标系 $o_n x_n y_n z_n$ 中,地球自转角速度矢量 Ω 可表示为

$$\Omega_{is}^n = C_i^n [0 \quad 0 \quad \omega_{ie}]^T \tag{5-4}$$

将式 (2-3) 代入上式,得

$$\Omega_{ie}^n = [0 \quad \omega_{ie}\cos\phi \quad \omega_{ie}\sin\phi]^T \tag{5-5}$$

在载体坐标系 $o_b x_b y_b z_b$ 中,地球自转角速度矢量 Ω 可表示为

$$\Omega_{ie}^b = C_n^b [0 \quad \omega_{ie}\cos\phi \quad \omega_{ie}\sin\phi]^T$$

$$= \omega_{ie} \begin{bmatrix} (-\cos\gamma\sin\alpha+\sin\gamma\sin\theta\cos\alpha)\cos\phi-\sin\gamma\cos\theta\sin\phi \\ \cos\theta\cos\alpha\cos\phi+\sin\theta\sin\phi \\ (-\sin\gamma\sin\alpha-\cos\gamma\sin\theta\cos\alpha)\cos\phi+\cos\gamma\cos\theta\sin\phi \end{bmatrix} \tag{5-6}$$

在陀螺坐标系 $o_g x_g y_g z_g$ 中,地球自转角速率分量为

$$\Omega_{ie}^g = C_b^g \Omega_{ie}^b = [\omega_x^g \quad \omega_y^g \quad \omega_z^g]^T \tag{5-7}$$

式中，C_b^g 为载体坐标系 $o_b x_b y_b z_b$ 到陀螺坐标系 $o_g x_g y_g z_g$ 的变换矩阵。由于陀螺仪的敏感轴是陀螺坐标系的 x_g 轴，所以 Ω_{ie}^g 在 x_g 轴上的分量 ω_x^g 就是陀螺的输出值。

当基座水平时，即载体坐标系 $o_b x_b y_b z_b$ 的 x_b 轴和 y_b 轴均在水平面内，则 $\theta=\gamma=0$，式（5-6）简化为[24]：

$$\Omega_{ie}^b = \omega_{ie} \begin{bmatrix} -\cos\phi\sin\alpha \\ \cos\phi\cos\alpha \\ \sin\phi \end{bmatrix} \quad (5-8)$$

对于采用二位置寻北方案的磁悬浮陀螺寻北仪，如图 5-2 所示，在不考虑任何误差的理想情况下，即不考虑陀螺常值漂移和随机漂移，不考虑基座调平误差、转动机构的转位误差和准直误差时，陀螺在这两个位置在 x_b 轴上的输出分别为

$$\omega_{10} = -\omega_{ie}\cos\phi\sin\alpha \quad (5-9)$$

$$\omega_{20} = \omega_{ie}\cos\phi\sin\alpha \quad (5-10)$$

$$\omega_{20} - \omega_{10} = 2\omega_{ie}\cos\phi\sin\alpha \quad (5-11)$$

$$\alpha = \arcsin\frac{\omega_{20}-\omega_{10}}{2\omega_{ie}\cos\phi} \quad (5-12)$$

式中：ω_{10}, ω_{20} 为在不考虑任何误差的理想情况下，陀螺在两个位置在 x_g 轴上的输出；ϕ 为寻北仪架设点的纬度；α 为航向角（方位角），即陀螺主轴与北向的夹角。

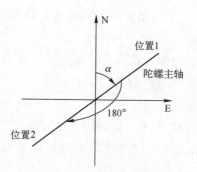

图 5-2 二位置寻北示意图

为了分析陀螺寻北仪测量误差对寻北精度的影响，对上式两边微分，得

$$d\alpha = \frac{d\omega_{20}-d\omega_{10}}{\sqrt{4\omega_{ie}^2\cos^2\phi-(\omega_{20}-\omega_{10})^2}} \quad (5-13)$$

则寻北结果的方差为

第5章 基座扰动对寻北精度的影响及相应的补偿措施

$$\sigma_\alpha^2 = \frac{\sigma_{10}^2 + \sigma_{20}^2}{4\omega_{ie}^2\cos^2\phi - (\omega_{20}-\omega_{10})^2} \tag{5-14}$$

其中，σ_{10}，σ_{20} 为陀螺在两个位置的测量数据误差，令 $\sigma_{10}=\sigma_{20}=\sigma$，并将 $\omega_{20}-\omega_{10}=2\omega_{ie}\cos\phi\sin\alpha$ 代入上式，得

$$\sigma_\alpha^2 = \frac{\sigma^2}{2\omega_{ie}^2\cos^2\phi\cos^2\alpha} \tag{5-15}$$

在某个固定的测量点，$\omega_{ie}\cos\phi$ 是常数，根据上式可以看出，寻北精度不仅与陀螺测量数据的误差 σ 有关，还与陀螺主轴的位置角 α 有关。由余弦函数的性质可以看出，即使陀螺的测量误差 σ 相同，但它在圆周内引起的寻北误差并不相同，当陀螺主轴接近北向或南向时，即 $\alpha\to 0$ 或 $\alpha\to\pi$ 时，$\cos^2\alpha\to 1$，陀螺测量误差对寻北误差的影响较小；当陀螺主轴接近东向或西向时，即 $\alpha\to\pi/2$ 或 $\alpha\to 3\pi/2$ 时，$\cos^2\alpha\to 0$，陀螺测量误差 σ 对寻北精度影响较大。所以，陀螺仪的主轴在南北方向附近进行测量时，可以提高测量精度。

当由于外界的干扰，使基座发生倾斜时，$\theta\neq 0,\gamma\neq 0$，不考虑其他误差，二位置寻北的陀螺在 x_b 轴上的输出分别为

$$\begin{cases}\omega_1 = \omega_{ie}[(-\cos\gamma\sin\alpha+\sin\gamma\sin\theta\cos\alpha)\cos\varphi-\sin\gamma\cos\theta\sin\varphi]\\ \omega_2 = -\omega_{ie}[(-\cos\gamma\sin\alpha+\sin\gamma\sin\theta\cos\alpha)\cos\varphi-\sin\gamma\cos\theta\sin\varphi]\\ \omega_1-\omega_2 = 2\omega_{is}[(-\cos\gamma\sin\alpha+\sin\gamma\sin\theta\cos\alpha)\cos\phi-\sin\gamma\cos\theta\sin\phi]\end{cases} \tag{5-16}$$

ω_1,ω_2 是在考虑基座倾斜时，陀螺在两个位置在 x_b 轴上的输出。

由于基座倾斜的角度很小，可以近似认为 $\cos\theta\approx\cos\gamma\approx 1,\sin\theta\approx\theta,\sin\gamma\approx\gamma$，并将式 (5-11) 代入式 (5-16)，则式 (5-16) 可以简化为

$$\omega_1-\omega_2 = \omega_{10}-\omega_{20}+2\omega_{10}\cdot\theta\cdot\gamma\cdot\cos\phi\cos\alpha-2\omega_{ie}\cdot\gamma\cdot\sin\phi \tag{5-17}$$

式 (5-17) 是基座倾斜时的陀螺输出，其中，$2\omega_{ie}\cdot\theta\cdot\gamma\cdot\cos\phi\cos\alpha-2\omega_{ie}\cdot\gamma\cdot\sin\phi$ 就是由于基座倾斜而引起的陀螺角速度输出的偏差。

由于基座倾斜的角度很小，忽略式 (5-17) 中的二阶小量 $2\omega_{ie}\cdot\theta\cdot\gamma\cdot\cos\phi\cos\alpha$，则式 (5-17) 可以简化为

$$\omega_1-\omega_2 = \omega_{10}-\omega_{20}-2\omega_{ie}\cdot\gamma\cdot\sin\phi \tag{5-18}$$

由上式可以看出，基座倾斜引起的陀螺输出误差为 $\Delta\omega_{tilt}=-2\omega_{ie}\cdot\gamma\cdot\sin\varphi$。所以，由于基座倾斜而引起的陀螺输出误差主要与横滚角（横倾角）γ 有关，而俯仰角（纵倾角）θ 对寻北结果影响不大。根据寻北式 (5-12)，得

$$\alpha = \arcsin\frac{\omega_{10}-\omega_{20}-2\omega_{ie}\cdot\gamma\cdot\sin\phi}{2\omega_{ie}\cdot\cos\phi} = \arcsin\left(\frac{\omega_{10}-\omega_{20}}{2\omega_{ie}\cdot\cos\phi}-\frac{2\omega_{ie}\cdot\gamma\cdot\sin\phi}{2\omega_{ie}\cdot\cos\phi}\right) \tag{5-19}$$

将上式在 $\dfrac{\omega_{10}-\omega_{20}}{2\omega_{ie}\cdot\cos\varphi}$ 处用泰勒公式展开，得到一阶近似为

$$\alpha = \arcsin\left(\dfrac{\omega_{10}-\omega_{20}}{2\omega_{ie}\cdot\cos\phi}\right) + \dfrac{1}{2\omega_{ie}\cos\phi\cos\alpha}\cdot\Delta\omega_{tilt} \quad (5-20)$$

如果令 $\alpha_0 = \arcsin\dfrac{\omega_{10}-\omega_{20}}{2\omega_{ie}\cos\phi}$ 为理想情况下的寻北值，令 $\Delta\alpha_{tilt} = \dfrac{\Delta\omega_{tilt}}{2\omega_{ie}\cos\phi\cos\alpha} = -\dfrac{2\omega_{ie}\cdot\gamma\cdot\sin\varphi}{2\omega_{ie}\cos\phi\cos\alpha} = -\dfrac{\gamma\cdot\tan\varphi}{\cos\alpha}$ 为基座倾斜引起的寻北误差，则式（5-20）可以简化为

$$\alpha = \alpha_0 + \Delta\alpha_{tilt} = \alpha_0 - \dfrac{\gamma\cdot\tan\phi}{\cos\alpha} \quad (5-21)$$

由式（5-21）可以得出，基座倾斜引起的寻北误差主要与横倾角 γ 有关，横倾角 γ 越大，寻北误差就越大，还与初始方位角（航向角）α 的余弦 $\cos\alpha$ 成反比，即与航向角 α 的大小有关，当陀螺主轴接近北向或南向时，即 $\alpha\to 0$ 或 $\alpha\to\pi$ 时，$|\cos\alpha|\to 1$，基座倾斜误差对寻北误差的影响较小；当陀螺主轴接近东向或西向时，即 $\alpha\to\pi/2$ 或 $\alpha\to 3\pi/2$ 时，$|\cos\alpha|\to 0$，基座倾斜误差对寻北精度影响较大。所以，陀螺仪的主轴在南北方向附近进行测量时，可以提高寻北精度，这与前面分析得到的结论相同。

假设磁悬浮陀螺寻北仪的架设点纬度为 $\phi=40°$，采用二位置寻北，如果陀螺基座的横滚角（横倾角）$\gamma=20''$，陀螺主轴在北向附近测量，初始方位角 α 如果为 $5°$，则横滚角 γ 所引起的寻北误差为 $16.86''$，如果初始方位角 α 较大，为 $60°$，则同样的横滚角 γ 所引起的寻北误差为 $33.56''$，误差增加了一倍。

根据式（5-21）可以看出，要减小外界扰动造成基座倾斜而引起的寻北误差，有两种方法可以采用[120]。

（1）测量出横滚角 γ 进行补偿。目前电子测斜仪的测量精度已经可以达到优于 $1''$ 的精度，因此可以利用电子测斜仪精确测量出基座的横滚角（横倾角）γ，再利用式（5-21）通过误差补偿来消除横滚角 γ 对寻北的影响。

（2）设计基座伺服稳定系统。通过水平度敏感元件（如高精度测斜仪）测量出基座的倾斜度，将倾斜信号送给相应的执行机构，由执行机构将基座调至水平状态。当然基座伺服稳定系统在电路的设计上会比较复杂。

本节采用第一种方法来进行补偿，补偿的具体过程可参考第 4 章。

由上面的分析可以看出，在静基座下，陀螺的横滚角 γ 为常数，由基座倾斜引起的寻北误差为常值误差，但是如果在扰动基座下，纵倾角 θ 和横滚角 γ

可能会因为外界的扰动而变化,不再是一个常数,这种基座扰动带来的寻北误差将在下一节中介绍。

5.2 基座扰动产生角运动对寻北精度的影响

假设陀螺寻北仪的俯仰轴和横滚轴做同频不同相的角振动,航向轴没有角振动,振动角度可用公式表示如下。

$$\begin{cases} \theta(t) = \theta_m \sin\Omega t \\ \gamma(t) = \gamma_m \cos\Omega t \\ \alpha(t) = 0 \end{cases} \tag{5-22}$$

式中:α、θ、γ 分别为载体的方位角(航向角)、纵倾角(俯仰角)和横倾角(横滚角),方位角 α 以绕 z_b 轴负方向旋转为正,纵倾角 θ 和横倾角 γ 方向按右手螺旋定义,θ_m、γ_m 分别为载体绕俯仰轴和横滚轴振动的幅度,Ω 为振动的频率。

基座扰动产生的角振动在载体坐标系 $o_b x_b y_b z_b$ 中产生的附加角速度输出 $\boldsymbol{\omega}_{dis}^b = [\omega_{disx}^b \quad \omega_{disy}^b \quad \omega_{disz}^b]^T$ 与 $\dot{\alpha}$、$\dot{\theta}$、$\dot{\gamma}$ 的关系为

$$\boldsymbol{\omega}_{dis}^b = \begin{bmatrix} \omega_{disx}^b \\ \omega_{disy}^b \\ \omega_{disz}^b \end{bmatrix} = \boldsymbol{C}_\gamma \boldsymbol{C}_\theta \begin{bmatrix} 0 \\ 0 \\ \dot{\alpha} \end{bmatrix} + \boldsymbol{C}_\gamma \begin{bmatrix} \dot{\theta} \\ 0 \\ 0 \end{bmatrix} + \begin{bmatrix} 0 \\ \dot{\gamma} \\ 0 \end{bmatrix} = \begin{bmatrix} \dot{\theta}\cos\gamma - \dot{\alpha}\sin\gamma\cos\theta \\ \dot{\gamma} + \dot{\alpha}\sin\theta \\ \dot{\theta}\sin\gamma + \dot{\alpha}\cos\gamma\cos\theta \end{bmatrix} \tag{5-23}$$

陀螺敏感轴为陀螺坐标系 $o_g x_g y_g z_g$ 的 x_g 轴,不考虑其他误差,对于微幅振动,可以认为 $\cos\gamma \approx 1$,则陀螺在二个位置的附加输出分别为

$$\omega_{dis1} = \omega_{disx}^g = \omega_{disx}^b = \dot{\theta}\cos\gamma \approx \theta_m \Omega \cos\Omega t \tag{5-24}$$

$$\omega_{dis2} = \omega_{disx}^{g1} = -\omega_{disx}^b = -\dot{\theta}\cos\gamma \approx -\theta_m \Omega \cos\Omega t \tag{5-25}$$

则基座扰动引起的陀螺寻北附加输出为

$$\Delta\omega_{dis} = \omega_{dis1} - \omega_{dis2} = 2\theta_m \Omega \cos\Omega t \tag{5-26}$$

根据式(5-20),得到寻北结果为

$$\alpha = \arcsin\left(\frac{\omega_{10} - \omega_{20}}{2\omega_{ie} \cdot \cos\phi}\right) + \frac{1}{2\omega_{ie}\cos\phi\cos\alpha} \Delta\omega_{dis} = \alpha_0 + \Delta\alpha_{dis} \tag{5-27}$$

式中:$\alpha_0 = \arcsin\frac{\omega_{10} - \omega_{20}}{2\omega_{ie}\cos\phi}$ 为理想情况下的寻北值;$\Delta\omega_{dis}$ 为基座扰动引起的陀螺输出误差;$\Delta\alpha_{dis}$ 为基座扰动引起的寻北误差,有

$$\Delta\alpha_{dis} = \frac{\Delta\omega_{dis}}{2\omega_{ie}\cos\phi\cos\alpha} = \frac{2\theta_m \Omega \cos\Omega t}{2\omega_{ie}\cos\phi\cos\alpha} = \frac{\theta_m \Omega \cos\Omega t}{\omega_{ie}\cos\phi\cos\alpha} \tag{5-28}$$

其中：t 为寻北过程中在某个位置的采样时间，$\omega_{ie} = 7.2722 \times 10^{-5}$ rad/s，为地球自转角速度，在某个固定的地点进行寻北测量，该点的纬度 ϕ 为常数。

从式（5-28）可以看出，由于基座扰动而引起的寻北误差 $\Delta\alpha_{dis}$ 与扰动的幅度有关，振幅 θ_m 越大，引起的寻北误差越大，还与初始方位角 α 的余弦 $\cos\alpha$ 有关，当陀螺主轴接近北向或南向时，即 $\alpha \to 0$ 或 $\alpha \to \pi$ 时，$|\cos\alpha| \to 1$，基座扰动误差对寻北精度的影响较小；当陀螺主轴接近东向或西向时，即 $\alpha \to \pi/2$ 或 $\alpha \to 3\pi/2$ 时，$|\cos\alpha| \to 0$，基座扰动误差对寻北精度影响较大。所以，陀螺仪的主轴在南北方向附近进行寻北测量时，可以提高寻北精度，这与前面分析得到的结论相同。而扰动的频率 Ω 对寻北误差的影响，不仅与扰动频率 Ω 有关，还与采用时间有关，即与 $\cos\Omega t$ 有关[121]。

为了分析基座扰动对寻北精度的影响，仍假设基座扰动引起的附加角速度在两个位置的输出为 ω_{dis1} 和 ω_{dis2}，此时寻北式（5-12）变为

$$\alpha = \arcsin \frac{\omega_{10} - \omega_{20} + \omega_{dis1} - \omega_{dis2}}{2\omega_{ie} \cdot \cos\phi} \tag{5-29}$$

在不考虑陀螺测量误差和其他误差的情况下，可求得基座扰动所引起的寻北误差用标准差为

$$\sigma_\alpha = \frac{\sqrt{\sigma_{dis1}^2 + \sigma_{dis2}^2}}{2\omega_{ie}\cos\phi\cos\alpha} \tag{5-30}$$

从上式可以看出，在某个固定点测量时，该点的纬度 ϕ 为常数，所以，寻北精度与扰动误差的标准差和初始方位角 α 有关，而且基座扰动对寻北结果的影响是很大的，必须采取补偿或滤波的方法降低其影响。如果对受到扰动的两位置输出数据先进行合适的滤波处理，以减小 σ_{dis1}^2 和 σ_{dis2}^2，则可以提高寻北精度。

5.3 常用的基座扰动处理方法

对于外部环境扰动而引起的基座运动对摆式陀螺寻北精度的影响，目前，尚无公认的理想的解决方法。目前常用的处理方法有以下几种。

5.3.1 采用加速度计进行补偿

陀螺寻北仪能够敏感地球自转角速度，同时也能够敏感外界环境扰动而产生的角速度，因此陀螺敏感的是地球自转角速度和外界环境干扰而产生的扰动角速度的投影和。所以，如果选用一种只能够敏感基座扰动的传感器，就可以测量出外界环境扰动造成的基座扰动角速度。

第5章 基座扰动对寻北精度的影响及相应的补偿措施

由于加速度计能够测量出其敏感轴方向上的线加速度，不能测量地球自转角速度，因此可以在寻北仪上安装加速度计，利用加速度计来测量基座在其敏感轴方向的扰动角速度，对加速度计的输出信号进行滤波，可以消除低频扰动的影响，当地基沉降引起基座低频扰动时，这种方法补偿效果较好。

但该方法没有考虑基座的平移运动，加速度计不仅能够测量其敏感轴方向上的线加速度，该方向上的平移运动也会被加速度计敏感到，平移运动带来的误差没有被有效补偿。此外，该方法的补偿精度主要取决于加速度计的制造精度、安装精度和响应时间，但由于目前加速度计的这些精度指标不是很高，所以该方法的补偿效果不是特别理想。

5.3.2 连续转动法

该方法是通过连续且匀速地转动陀螺，陀螺的输出信号中有地球自转的水平分量、基座的低频扰动角速度和陀螺转动角速度。为了便于分析说明，假设基座已经调至水平状态，忽略陀螺的常值漂移和随机漂移，则陀螺输出信号为[122]

$$\omega = \omega_{is}\cos\phi\cos(\alpha+\omega_{rot}t) + \omega_{dis}\cos(\omega_{rot}t) \tag{5-31}$$

其中：ω_{rot}为陀螺转动角速度；ω_{dis}为基座低频扰动角速度；周期性信号的初始相角α为待测的方位角。

经过高通滤波，可以将方位信息从低频干扰信号中分离出来，并变换到转动频率上，进而得到待测的方位角α[123]。该方法对基座的转动机构要求很高，测量精度主要取决于基座的转动机构，当基座转动不稳，或产生接近转动频率的噪声时，会影响测量精度。

5.3.3 滤波法

寻北仪工作时是架设在发射车附近或发射车上，而发射车的电动机、发动机、变速箱工作产生高频扰动。为了滤除高频扰动，可以测量出发动机工作时产生的噪声峰值及相应谐波出现的频率，以及变速箱工作时产生的噪声基波频率和高阶谐波的频段。采用高通滤波可以有效去除高频扰动信号，而采用低通滤波可以有效抑制20~25Hz频段内强度为50~500(°)/h的振动噪声[124-125]。

目前滤除寻北仪扰动噪声的方法通常是数字滤波法，而常用的数字滤波方法主要有低频滤波、高频滤波、卡尔曼滤波和小波滤波等[126]。

如果干扰噪声信号为周期性信号或近似平稳的随机信号，采用常规滤波可以取得令人满意的效果。但如果干扰噪声信号为非周期性信号，或冲击干扰信号和阶跃干扰信号，或是非平稳的随机干扰信号，采用常规滤波效果将不会令人很满意[127]。

5.4 基于采样时间选择补偿基座扰动对寻北精度的影响

根据式（5-28）可以看出，要减小基座扰动引起的寻北误差，有3种方法可以采用[128]。

（1）尽量减小振幅 θ_m。比如在安装寻北仪的支撑支架上加装减震装置，或者将寻北仪的支架架设在橡胶等隔振材料做成的隔振基座上，减小外界环境扰动对支架的影响。

（2）预先测量出寻北仪架设位置的振动频率。比如发射车工作时，测量出发动机组和变速箱的振动主频率 Ω，同时选择合适的采样时间 t，使 $\Omega t=k\pi$ 或 $\Omega t\to k\pi$，k 为整数，则 $\cos\Omega t=0$ 或 $\cos\Omega t\to 0$，则 $\Delta\alpha_{dis}\to 0$，可以减小基座振动引起的寻北误差。

（3）前面两种方法的结合。首先将支架架设在隔振基座上，通过物理方法减小外界扰动的影响，然后再采集陀螺输出数据并进行频谱分析，得到基座的振动频率，再选择合适的采样时间 t，使 $\Omega t=k\pi$ 或 $\Omega t\to k\pi$，k 为整数，可以有效减小基座振动引起的寻北误差。

这里采取第三种措施来减小基座振动引起的寻北误差。为了比对振动前后陀螺输出信号的变化，首先将陀螺寻北仪架设在实验室的隔振基座上，在基座精确调平，无转位误差和准直误差，并且周围扰动比较小的近似理想的情况下测得陀螺输出信号，采样时间为10ms，采样数据为1000个，如图5-3所示，该组信号的标准方差为 4.04×10^{-5}。

在存在基座扰动的环境下，无任何抗干扰措施，在同一位置进行多次测量，测得车辆经过寻北仪时的陀螺输出信号20组数据，采样时间为10ms，每组采样数据为1000个，取其中的任意一组，如图5-4所示，该组信号的标准方差为 2.08×10^{-4}，扰动时的标准差是未受扰动时的5倍。显然，陀螺输出数据受到较大干扰[129-130]。

在同样的扰动环境下，将寻北仪的三脚架架设在橡胶隔振基座上，在同一位置进行多次测量，测得车辆经过寻北仪时的陀螺输出信号20组数据，采样时间为10ms，每组采样数据为1000个，取其中的任意一组，如图5-5所示，该组信号的标准差为 1.62×10^{-4}，相比未受扰动时的标准差增加了近4倍，但比没加隔振基座时的标准差减小了一些。显然，增加了隔振基座可以在一定程度上降低外界环境的干扰[131]。

第5章 基座扰动对寻北精度的影响及相应的补偿措施

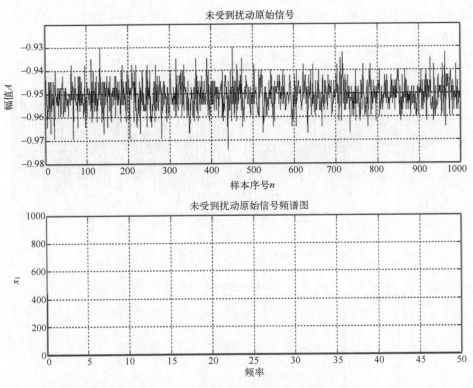

图 5-3 基座无扰动时陀螺输出信号

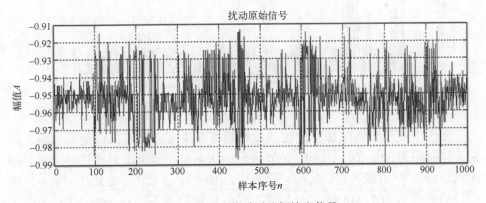

图 5-4 基座有扰动时陀螺输出信号

图 5-6 所示为隔振后的扰动信号减去其均值后的噪声频谱图，从图中可以看出，在整个数据采样过程中，都有干扰信号，但有些属于白噪声，有些是属于外界干扰。在频率为 80~90Hz 范围内的干扰最大，可以认为外界的振动

频率 Ω 基本在这范围内，经过计算可以得出，当采样时间 t 为 37ms 时，可以使 $\Omega t \rightarrow k\pi$。

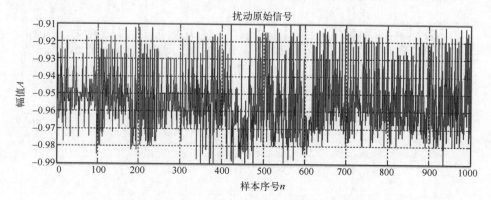

图 5-5　有扰动且有隔振基座时的陀螺输出信号

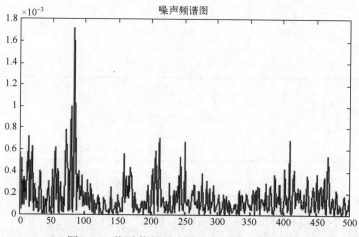

图 5-6　扰动信号减去均值后的噪声频谱图

图 5-7 所示为将陀螺寻北仪架设在隔振基座上，并根据前面的分析，设定采样时间为 37ms 时，在同一位置进行多次测量，测得车辆经过寻北仪时的陀螺输出信号 20 组数据，每组采样数据为 1000 个，取其中的任意一组，该组信号的标准差为 1.414×10^{-4}，与没有任何防振措施下的标准差 2.08×10^{-4} 相比，精度提高了 1.47 倍，与有隔振基座但没考虑采样时间下的标准差 1.62×10^{-4} 相比，精度提高了 1.15 倍。显然，在增加隔振基座并且考虑采样时间的情况下，可以有效减小外界环境扰动对基座的影响，从而提高寻北仪的抗干扰能力和环境适应能力[132]。

第 5 章 基座扰动对寻北精度的影响及相应的补偿措施

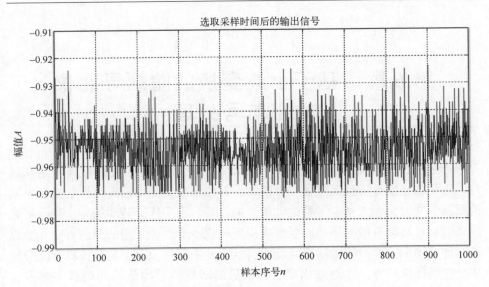

图 5-7 选取采样时间后陀螺输出信号

第6章 基于小波变换的陀螺寻北仪输出信号处理

通过第5章的分析可以看出，常用的基座扰动补偿方法都有其不足和缺陷。采用加速度计进行基座扰动补偿时，补偿精度受到加速度计性能指标不高的限制，同时会引入基座平移运动带来的误差。采用连续转动的方法滤除低频扰动时，对转动机械的设计质量要求很高，成本上升。常用的滤波方法在滤除陀螺的非周期、非平稳的随机扰动时，效果并不理想。而小波分析具有多分辨率分析的优良特性，在对非周期、非平稳的随机信号的分析和处理中效果较好，因此，较适用于扰动基座下寻北仪输出信号的滤波处理。

本章对多种原因造成基座扰动时的陀螺输出信号进行小波变换分析，针对不同扰动情况下输出信号的特点，选择不同的小波滤波等多种滤波方案。在此基础上，探讨小波变换基本理论在寻北仪输出信号处理中的应用。

6.1 滤波方法的选取

基于经典滤波理论的常规滤波方法认为信号与噪声谱不重叠，通过设置前置低通、高通、带通或带阻滤波器来剔除噪声，滤波器的截止频率、通带、阻带等参数根据要求或经验而定。但是当信号与噪声谱重叠比较严重时，常规滤波方法的滤波效果并不理想。在寻北仪输出的信号中，有用信号为低频直流信号，如果采用低通滤波，只能对25Hz以上的高频噪声的抑制效果较好，但是当低频扰动信号在0.1~20Hz之间时，低通滤波效果并不明显[133]。

采用卡尔曼滤波，需要知道输出信号精确的数学模型和干扰噪声的先验统计知识，否则会导致较大的误差，甚至造成滤波发散[134]。由于陀螺的随机漂移、随机扰动本身就是弱非线性、非平稳、慢时变的[135]。而且在基座受到外界环境的扰动时，干扰也是不确定的，很难确定输出信号准确的数学模型，也很难得到噪声的统计特性，因此无法采用卡尔曼滤波[136-137]。

小波分析不需要系统的误差模型，小波函数的快速衰减性在检测奇异信号时独具优势，优良的多分辨率分析特性，可以把信号展开为不同尺度的小波分解，用大小可变的时频窗口观察信号内部结构[135]。这些特点使得小波分析比较适用于对扰动基座下寻北仪输出的随机信号进行滤波[138-139]。

6.2 小波变换的基本理论[140-146]

6.2.1 连续小波变换

函数 $\varphi(t) \in L_2(R)$，$\psi(\omega)$ 是 $\varphi(t)$ 的傅里叶变换，若函数 $\varphi(t)$ 满足如下容许性条件[140]：

$$C_\varphi = \int_R \frac{|\psi(\omega)|^2}{|\omega|} d\omega < \infty \tag{6-1}$$

则称 $\varphi(t)$ 是一个小波函数或基本小波或母小波。将小波函数 $\varphi(t)$ 进行平移和伸缩就得到一个函数族：

$$\varphi_{a,b}(t) = \frac{1}{\sqrt{a}} \varphi\left(\frac{t-b}{a}\right) \tag{6-2}$$

式中：a 为频率参数，称为尺度因子，$a>0$；b 为时间或空间位置参数，称为平移因子。

由于 a，b 是取连续变化的值，所以称 $\varphi_{a,b}(t)$ 为连续小波，它们是由同一母函数 $\varphi(t)$ 经伸缩和平移后得到的一组函数系列。

由容许性条件可知，基本小波 $\varphi(t)$ 函数满足条件 $\psi(\omega)=0$，即基本小波 $\varphi(t)$ 具有带通性，且 $\varphi(t)$ 具有正负交替的振荡波形，像"波"一样，均值为 0，这就是称为"小波"的原因[141]。

以连续小波 $\varphi_{a,b}(t)$ 为积分核，定义 $L_2(R)$ 上的二维可积函数 $f(t)$ 的连续小波变换为

$$W_f(a,b) = \int_R f(t) \overline{\phi_{a,b}(t)} dt = \int_R f(t) \frac{1}{\sqrt{a}} \overline{\varphi\left(\frac{t-b}{a}\right)} dt \tag{6-3}$$

这里 $W_f(a,b)$ 为 $f(t)$ 的小波变换，$\overline{\phi_{a,b}(t)}$ 为 $\varphi_{a,b}(t)$ 的共轭，则

$$W_f(a,b) = f(t) * \varphi_{a,b}(t) \tag{6-4}$$

上式说明对信号 $f(t)$ 进行小波变换实际上就是用小波 $\varphi_{a,b}(t)$ 对信号 $f(t)$ 作卷积运算。

只要满足容许条件即可定义任一特定信号的小波基，所以，小波基并不是唯一的。由式（6-3）定义的小波变换具有以下重要性质[146]。

（1）线性。小波变换是一线性运算，它把信号分解成不同尺度的分量，一个多分量信号的小波变换等于各个分量的小波变换之和。

（2）平移不变性。若 $f(t)$ 的小波变换为 $W_f(a,b)$，则 $f(t-\tau)$ 的小波变换

为 $W_f(a,b-\tau)$，也就是 $f(t)$ 的平移对应于 $W_f(a,b)$ 的平移。

（3）伸缩共变性。若 $f(t)$ 的小波变换为 $W_f(a,b)$，则 $f(ct)$ 的小波变换为 $\frac{1}{\sqrt{c}}W_f(ca,cb)$，$c>0$。

这表明当信号 $f(t)$ 作某一倍数伸缩时，其小波变换将在 a，b 两轴上作同一比例的伸缩，但是不发生失真变性，这是小波变换成为"数学显微镜"的重要依据。

6.2.2 离散小波变换

在使用小波变换重构信号时，需要对小波作离散化处理，采用离散化的小波变换。与我们之前习惯的时间离散化不同，连续小波和连续小波变换的离散化都是针对连续的尺度参数 a 和连续的平移量 b 的，而不是针对时间变量 t 的。

通常，尺度参数 a 和平移参数 b 的离散化公式分别取作幂级数的形式，即

$$\begin{aligned}a &= a_0^j \\ b &= ka_0^j b_0\end{aligned}, j,k \in \mathbf{Z} \tag{6-5}$$

这里，$a_0 \neq 1$ 是固定值，为了方便起见，总是假设 $a_0>1$，与之对应的离散小波为

$$\varphi_{j,k}(t) = a_0^{-j/2}\varphi(a_0^{-j}t-kb_0) \tag{6-6}$$

信号 $f(t)$ 的离散小波变换系数为

$$C_{j,k} = \int_{-\infty}^{+\infty} f(t)\varphi_{j,k}^*(t)\mathrm{d}t \tag{6-7}$$

重构公式为

$$f(t) = \sum_{j \in \mathbf{Z}}\sum_{k \in \mathbf{Z}} C_{j,k}\varphi_{j,k}(t) \tag{6-8}$$

实际应用中，信号 $f(t)$ 通常也是离散的或由采样得到的，时间 t 通常也是以离散的形式出现的。

以幂级数对尺度参数 a 和平移参数 b 进行离散是一种高效的离散化方法，因为此时指数 j 的较小变化就能引起尺度 a 的很大的变化。目前通行的方法是取 $a_0=2$，$b_0=1$，对尺度和平移进行二进制离散，即

$$a=2^j, b=2^j k, \quad j,k \in \mathbf{Z} \tag{6-9}$$

从而得到如下的二进小波（Dyadic Wavelet）：

$$\varphi_{j,k}(t) = 2^{j/2}\varphi(2^j t-k) \tag{6-10}$$

本书之后所用的离散小波变换均指二进离散小波变换。

6.2.3 小波变换的多分辨率分析

从小波函数的条件来看,小波基不一定是正交基,但是在实际应用中希望能找到正交小波基。构造正交小波基的重要方法称为多分辨率分析(MRA)。

空间 $L^2(R)$ 内的多分辨率分析是指构造 $L^2(R)$ 空间内的子空间序列 $V_j(j \in \mathbf{Z})$,使它具备以下性质[146]。

(1) 包容性。$\cdots \subset V_{-2} \subset V_{-1} \subset V_0 \subset V_1 \subset V_{-2} \subset \cdots$,即较低的分辨率与较粗的信号内容对应,从而对应更大的子空间。

(2) 逼近性。$\bigcap_{j \in \mathbf{Z}} V_j = \{0\}$,$\bigcap_{j \in \mathbf{Z}} V_j = L^2(R)$,即所有多分辨率分析子空间的并集代表平方可积函数的整个空间即 $L^2(R)$ 空间,所有子空间序列 $V_j(j \in \mathbf{Z})$ 的交集应为零空间。

(3) 平移不变性和伸缩性。$f(t) \in V_j \Leftrightarrow f(t-k) \in V_j$,$\forall k \in \mathbf{Z}, f(t) \in V_j \Leftrightarrow f(2t) \in V_{j+1}$,函数 $f(t)$ 的平移并不改变其形状,其时间分辨率保持不变,故 $f(t)$ 和 $f(t-k)$ 属于同一子空间。时间尺度的加大意味着该函数被展宽,其时间分辨率减低,所以要求子空间 V_j 也具有类似的伸缩性,即 $f(t) \in V_j \Leftrightarrow f(2t) \in V_{j+1}$。

(4) Riesz 基存在性。存在一函数 $\varphi(t) \in V_0$,其平移 $\{\varphi(t-k), k \in \mathbf{Z}\}$ 构成参考子空间 V_0 的 Riesz 基。子空间 V_0 作为参考空间,有了 $\{\varphi(t-k), k \in \mathbf{Z}\}$ 作为子空间 V_0 的 Riesz 基,即可用这个基函数来展开待逼近的信号 $f(t)$。函数 $\varphi(t)$ 称为尺度函数。

由伸缩性及包容性可知 $\varphi(t/2) \in V_{-1} \subset V_0$,即 $\varphi(t/2) \in V_0$,故 $\varphi(t/2)$ 可以用 V_0 子空间的 Riesz 基函数 $\{\varphi(t-k), k \in \mathbf{Z}\}$ 展开。令展开公式为[146] $\varphi(t/2) = \sqrt{2} \sum_{k=-\infty}^{\infty} h(k) \varphi(t-k)$。

也可以等价写为

$$\varphi(t) = \sqrt{2} \sum_{k=-\infty}^{\infty} h(k) \varphi(2t-k) \tag{6-11}$$

这一方程称为双尺度方程。

定义滤波器:

$$H(\omega) = \sum_{k=-\infty}^{\infty} \frac{h(k)}{\sqrt{2}} e^{-j\omega k} \tag{6-12}$$

注意:在只是相差一个常数因子 $1/\sqrt{2}$ 的意义上,滤波器 $H(\omega)$ 与 $h(k)$ 的离散傅里叶变换等价。容易验证 $H(\omega)$ 是一个周期函数,其周期为 2π。

对式（6-11）两边做傅里叶变换，并结合式（6-11）得到尺度函数 $\varphi(t)$ 的频谱为

$$\Phi(\omega) = \sum_{k=-\infty}^{\infty} \frac{h(k)}{\sqrt{2}} \Phi\left(\frac{\omega}{2}\right) e^{-j\omega k/2} = \Phi\left(\frac{\omega}{2}\right) \sum_{k=-\infty}^{\infty} \frac{h(k)}{\sqrt{2}} e^{-j\omega k/2} = H\left(\frac{\omega}{2}\right) \Phi\left(\frac{\omega}{2}\right)$$
(6-13)

当 $\omega = 0$ 时，上式给出结果 $\Phi(0) = H(0)\Phi(0)$，只要 $\Phi(0) \neq 0$，则必有 $H(0) = 1$，这说明滤波器 $H(\omega)$ 是一个低通滤波器。

对式（6-13）继续进行推导，得

$$\Phi(\omega) = \prod_{k=1}^{\infty} H\left(\frac{\omega}{2^k}\right) \Phi(0)$$
(6-14)

为了使尺度函数的频谱 $\Phi(\omega)$ 只与 $H(\omega)$ 有关，令 $\Phi(0) = \int_{-\infty}^{\infty} \varphi(t) \, dt = 1$。称为尺度函数的容许条件。这样一来，式（6-14）便简化为

$$\Phi(\omega) = \prod_{k=1}^{\infty} H\left(\frac{\omega}{2^k}\right)$$
(6-15)

这说明尺度函数 $\varphi(t)$ 的频谱 $\Phi(\omega)$ 完全由滤波器 $H(\omega)$ 所决定。换言之，如果滤波器 $H(\omega)$ 给定，则尺度函数的频谱 $\Phi(\omega)$ 即唯一确定，其傅里叶反变换——尺度函数 $\varphi(t)$ 也就唯一确定。因此，一个合适的尺度函数的产生归结为滤波器 $H(\omega)$ 的设计。

令 W_j 是 V_{j+1} 在 V_j 内的补空间，即这些子空间满足关系式：$V_{j+1} = V_j \oplus W_j$。

由于子空间 V_j 是用来以分辨率 2^j 逼近原信号，所以子空间 V_j 包含了用分辨率 2^j 逼近原信号的"粗糙像"信息，而子空间 W_j 则包含了从分辨率为 2^j 的逼近到分辨率为 2^{j+1} 的逼近所需要的"细节"信息。

6.3　基于小波变换最值迭代滤除陀螺信号中脉冲型噪声

信号的奇异点，即突变点，往往包含待处理信号中比较重要的信息，其检测和定位在解决许多实际问题中非常重要，如机械故障的诊断、噪声信号的定位。关于奇异点的检测，多年来，许多专家学者提出了多种检测方法，其中，基于小波变换的方法是信号奇异点检测的有力工具。

本节通过分析陀螺输出信号小波变换的最值，证明小波变换的最值与陀螺信号的奇异点之间存在对应关系，在选取适当小波基的情况下，可以利用信号小波变换最值法检测出奇异点噪声，并通过设置阈值进行最值迭代去除奇异点噪声。

第6章 基于小波变换的陀螺寻北仪输出信号处理

如果小波函数 $\varphi(t)$ 具有紧支性，即存在 $t_1(t_1>0)$，当 $|t|>t_1$ 时，$\varphi(t)=0$，则 $\varphi_{a,b}(t)$ 满足，当：$\left|\dfrac{t-t_0}{a}\right|>t_1$ 时，$\varphi\left(\dfrac{t-t_0}{a}\right)=0$。

于是，有

$$W_f(a,t_0)=\int_R \frac{1}{\sqrt{a}}f(t)\,\overline{\varphi\left(\frac{t-t_0}{a}\right)}\mathrm{d}t=\frac{1}{\sqrt{a}}\int_{t_0-at_1}^{t_0+at_1}f(t)\,\overline{\varphi\left(\frac{t-t_0}{a}\right)}\mathrm{d}t \quad (6-16)$$

由上式可见，当尺度因子 $a\to 0$ 时，信号 $f(t)$ 的小波变换 $W_f(a,t_0)$ 就反映了信号在 t_0 时刻的局部特性，因而可以利用小波变换研究信号 $f(t)$ 在 t_0 时刻的奇异性[142]。

设信号 $f(t)=x(t)+\delta(t-t_0)$，其中 $x(t)$ 是一个理想信号，$\delta(t)$ 是一个脉冲噪声信号，即信号 $f(t)$ 在 t_0 时刻具有脉冲奇异性。设 $\varphi(t)$ 是一个紧支撑实小波函数，支撑区间为 $[-t_1,t_1]$，并且 $\varphi(t)$ 可看作某一光滑函数 $\theta(t)$ 的导数，即：$\varphi(t)=\dfrac{\mathrm{d}\theta(t)}{\mathrm{d}t}$，令 $\varphi_{a,b}(t)=\dfrac{1}{\sqrt{a}}\varphi\left(\dfrac{t-b}{a}\right)$，则信号 $f(t)$ 在 $\varphi(t)$ 下的小波变换可表示为[143]

$$W_f(a,b)=f(t)*\varphi_{a,b}(t)=f(t)*\frac{\mathrm{d}}{\mathrm{d}t}\theta_{a,b}(t)=\frac{\mathrm{d}}{\mathrm{d}t}(f(t)*\theta_{a,b}(t)) \quad (6-17)$$

上式表明信号 $f(t)$ 的小波变换就是对信号 $f(t)$ 先进行平滑处理，然后再求导数。根据导数的几何意义，由于信号 $f(t)$ 在 t_0 时刻具有脉冲奇异性，因而 $f(t)*\theta_{a,b}(t)$ 在 t_0 时刻具有最大的变化率，即 $|W_f(a,b)|$ 在 t_0 时刻取到最大值。这表明可以利用小波变换的最值来检测脉冲型奇异点[147]。

根据小波变换的定义，将 $f(t)=x(t)+\delta(t-t_0)$ 代入，得

$$W_f(a,b)=\int_R f(t)\,\overline{\varphi_{a,b}(t)}\mathrm{d}t=\int_R [x(t)+\delta(t-t_0)]\,\overline{\varphi_{a,b}(t)}\mathrm{d}t \quad (6-18)$$

由于 $\varphi(t)$ 具有紧支性，当 $|t|>t_1$ 时，$\varphi(t)=0$，故

$$W_f(a,b)=\frac{1}{\sqrt{a}}\int_{b-at_1}^{b+at_1}x(t)\,\overline{\varphi\left(\frac{t-b}{a}\right)}\mathrm{d}t+\frac{1}{\sqrt{a}}\varphi\left(\frac{t-t_0}{a}\right) \quad (6-19)$$

因为信号 $x(t)$ 在区间 $[b-at_1,b+at_1]$ 上连续，故当 $|at_1|$ 充分小时，可以认为 $x(t)$ 在区间 $[b-at_1,b+at_1]$ 上近似为一个常数，于是有

$$W_f(a,b)\approx\frac{f(\xi)}{\sqrt{a}}\int_{b-at_1}^{b+at_1}\overline{\varphi\left(\frac{t-b}{a}\right)}\mathrm{d}t+\frac{1}{\sqrt{a}}\varphi\left(\frac{t-t_0}{a}\right)\approx f(\xi)\sqrt{a}\int_R \varphi(t)\mathrm{d}t+\frac{1}{\sqrt{a}}\varphi\left(\frac{t-t_0}{a}\right)$$

$\xi\in[b-at_1,b+at_1]$

$$(6-20)$$

由容许性条件可知，$\int_R \varphi(t)\mathrm{d}t = 0$，所以当 $|at_1|$ 充分小时，有 $W_f(a,b) \approx \frac{1}{\sqrt{a}}\varphi\left(\frac{t-t_0}{a}\right)$，于是有

$$W_f(a,t_0) \approx \frac{1}{\sqrt{a}}\varphi(0) \tag{6-21}$$

上式表明，对于固定的尺度 a 来说，$W_f(a,t_0)$ 的值完全由 $\varphi(0)$ 值的大小决定，$\varphi(0)$ 值越大，$W_f(a,t_0)$ 的值也就越大。如果 $\varphi(t)$ 在 $t=0$ 取到最大值，则 $W_f(a,b)$ 在 t_0 时刻也取到最大值[147]。

如果适当选择小波函数 $\varphi(t)$，使信号小波变换的最值点就是信号的脉冲奇异点，通过适当选取阈值，并进行最值点的迭代，就可以有效消除陀螺输出信号的噪声[144-145]。

在试验中选择 Mexican Hat 小波：

$$\varphi(t) = \frac{2}{\sqrt{3}\pi^{\frac{1}{4}}}(1-t^2)\mathrm{e}^{\frac{-t^2}{2}} \tag{6-22}$$

作为小波基函数。

图 6-1 所示为 Mexican Hat 小波在 [-10, 10] 上的函数曲线[146]，由图可见，$\varphi(t)$ 在 $t=0$ 取到最大值 $2/(\sqrt{3}\cdot\pi^{\frac{1}{4}})$，当 $t\neq 0$ 时，$\varphi(t)$ 迅速衰减，因此，虽然 Mexican Hat 小波不是一个紧支撑的小波，但当 t 较大时，$\varphi(t)$ 的值非常小，可以近似地认为它是紧支撑的，其有效支撑区间为 [-5, 5][147]。

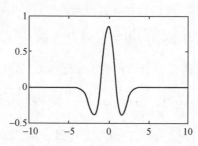

图 6-1　Mexican Hatt 小波在 [-10, 10] 上的曲线

图 6-2 所示为实际采集的一段陀螺输出信号，由图可见，该信号在多个采样点出现脉冲型奇异点，利用小波变换，并设定一个阈值，大于该阈值的点为最值点，如果最值点比较少，可以直接将最值点对应的采样点去除掉，对整

个陀螺输出信号几乎没有影响,而如果最值点比较多,即干扰比较大时,可以用除去最值点的其他采样点的均值来代替最值点。

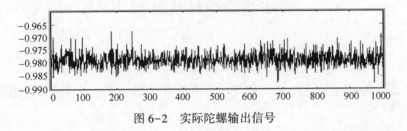

图 6-2 实际陀螺输出信号

当阈值设置较大时进行迭代,在滤除了 10 个脉冲奇异点后的陀螺输出如图 6-3 所示,原始信号的均方差为 0.0028,滤除了 10 个脉冲奇异点后,均方差为 0.0026,小了 0.0002,减小了 7.14%。当阈值设定得较小时,在滤除了 133 个脉冲奇异点后的陀螺输出信号如图 6-4 所示,均方差为 0.0020,小了 0.0008,减小了 28.57%。

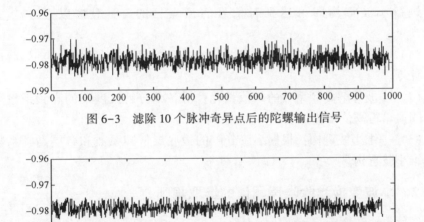

图 6-3 滤除 10 个脉冲奇异点后的陀螺输出信号

图 6-4 滤除 133 个脉冲奇异点后的陀螺输出信号

显然,基于小波变换最值迭代滤除陀螺信号噪声的方法是有效的。同时,也应该注意到,阈值的选择对滤除噪声的效果影响较大。因此,如何有效地选择阈值需要进一步研究。

6.4 基于小波变换和分段统计非等权处理的方法滤除陀螺扰动噪声

6.4.1 小波变换阈值消噪原理

小波分析的重要应用之一就是用于信号消噪，小波分析对信号消噪的基本原理如下[147-148]。

一个含有噪声的一维信号模型可表示为

$$s(k)=f(k)+\varepsilon\cdot e(k), k=0,1,\cdots,n-1 \quad (6-23)$$

式中：$s(k)$ 为含噪信号；$f(k)$ 为有效信号，通常为低频信号或平衡信号；$e(k)$ 为噪声信号，通常表现为高频信号。

小波信号消噪处理的思路：首先对信号进行小波分解，而噪声多包含在具有较高频率的细节中，利用阈值等形式对所分解的小波系数进行处理，然后对信号进行小波重构即可达到对信号的消噪目的。一般按以下3个步骤进行[149]。

（1）一维信号的小波分解：选择一个小波并确定分解的层次，然后进行分解计算。

（2）小波分解高频系数的阈值量化：对各个分解尺度下的高频系数选择一个阈值进行阈值量化处理。

（3）一维小波重构：根据小波分解的最底层低频系数和各层高频系数进行一维小波重构。

6.4.2 小波变换滤除噪声阈值的选取规则

经过小波变换后，幅值比较大的小波系数以信号为主，幅值比较小的可能以噪声为主。小波分解高频系数的阈值量化是指设置适当的阈值，保留大于该阈值的小波系数，小于该阈值的小波系数置零。最后，用处理后的小波系数进行信号重构[150]。

通过选择阈值滤除噪声可以较好地滤除信号中的白噪声，是小波降噪方法中应用最广泛的一种。因为要用阈值进行小波分解系数的量化处理，因此阈值的选取就成为关键，下面对阈值的选取规则进行说明。

阈值的选择分硬阈值和软阈值两种处理方式。软阈值处理按式（6-24）进行，即把信号小波分解系数的绝对值与阈值进行比较，当小波分解系数的绝对值小于或等于阈值时,令其为零,大于阈值的数据点则向零收缩,变为该点值与阈值之差[151]。

$$Y = \begin{cases} \text{SIGN}(X) \cdot (|X|-T), & |X|>T| \\ 0, & \text{其他} \end{cases} \quad (6\text{-}24)$$

对于硬阈值处理,按式(6-25)进行,把信号小波分解系数的绝对值与阈值进行比较,小于或等于阈值的点变为零,大于阈值的点不变。采用软阈值方法的数据没有不连续点,而采用硬阈值方法产生的数据在给定点 T 和它关于零点的对称点 $-T$ 各有一个不连续点。

$$Y = \begin{cases} X, & |X|>T| \\ 0, & \text{其他} \end{cases} \quad (6\text{-}25)$$

为了比对振动前后陀螺输出信号的变化,首先将陀螺寻北仪架设在实验室的隔振基座上,在基座精确调平、无转位误差和准直误差,并且周围扰动比较小的近似理想的情况下测得陀螺输出信号,采样时间为 10ms,采样数据为 1000 个,如图 6-5(a)所示,陀螺输出数据有微小波动,主要是由于电路白

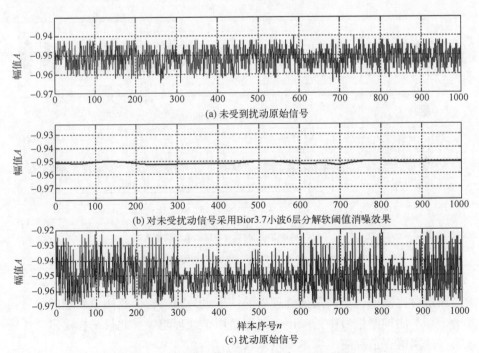

图 6-5 基座无扰动和有扰动时的陀螺输出信号

噪声引起的,该组信号的标准方差为 $2.7939×10^{-5}$。利用 Bior3.7 小波 6 层分解后再用软阈值进行噪声滤除的效果如图 6-5(b) 所示,近乎是一条直线,滤波后的标准方差为 $5.3739×10^{-7}$[152]。

在有基座扰动的环境下,如果无任何抗干扰措施,在同一位置进行多次测量,测得人员上下车时陀螺寻北仪的输出信号 20 组数据,采样时间为 10ms,每组采样数据为 1000 个,取其中的任意一组,如图 6-5(c) 所示,发现陀螺输出数据出现较大波动,该组信号的标准方差为 $1.1441×10^{-4}$,扰动时的标准差是未受扰动时的 4 倍[153-154]。显然,陀螺输出数据受到较大干扰[155]。

图 6-6 和图 6-7 是对同一采样数据采用 db20 小波 6 层分解和 Bior3.7 小波 6 层分解并用软硬阈消噪后的信号对比。

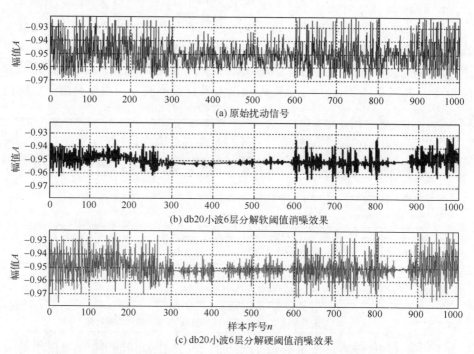

图 6-6 db20 小波 6 层分解后选择软硬阈值消噪效果比较

通过对比发现,用硬阈值处理后的信号更为粗糙,而软阈值处理的信号很光滑,基本能抑制信号中的噪声,特别适用于处理陀螺寻北仪采样输出,实践证明,软阈值在消除陀螺噪声中效果较好。

第6章 基于小波变换的陀螺寻北仪输出信号处理

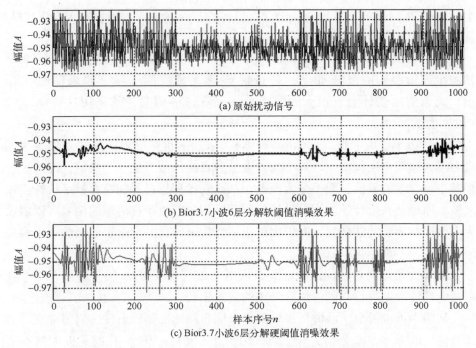

图 6-7 Bior3.7 小波 6 层分解后选择软硬阈值消噪效果比较

6.4.3 阈值选取准则

一般来说，对不同的信号，不同的噪声强度，阈值的选取是不同的，且对于不同的分解层次即尺度或分辨率，阈值的选取往往是层次相关的，这样才能更好地降低噪声的影响，使重建信号能保留原始信号的尖锐和陡峭变化的部分。在实际应用中，阈值的确定方法还有很多种，应具体问题具体分析。前面已经分析，在理想情况下，陀螺寻北仪采样信号中所包含的噪声主要是高斯白噪声，根据现有的资料文献，对于被高斯白噪声污染的信号基本噪声模型，选择阈值一般可用以下准则[156]。

(1) 无偏似然估计准则（rigrsure 规则）。这是一种基于史坦（Stein）的无偏似然估计（unbiased risk estimate）（二次方程）原理的自适应阈值选择。对于一个给定的阈值 T，求出其对应的风险值，即得到它的似然估计，再进行非似然 T 最小化，这就得到了所选的阈值，这是一种软阈值估计器[157]。

(2) 固定阈值准则（sqtwolog 规则）。利用固定的阈值，可以取得比较好的去噪特性。阈值限的选择算法是，设 X 为待估计的矢量，则产生的阈值大小是 sqrt(2lg(length(X)))，sqrt(X)，lg(X)，length(X)分别表示求平方根、常用对数和求向量长度的函数。

（3）启发式阈值准则（heursure 规则）。实际上是无偏似然估计准则和固定阈值准则的混合准则，是最优预测变量阈值选择。如果信噪比很小，无偏似然估计会有很大的噪声。如果有这种情况，就采用这种固定的阈值[158]。

（4）极小极大准则（minimax 规则）。采用的也是一种固定的阈值，采用极小极大原理产生阈值，以最小均方误差为目标函数产生一个极值，即产生一个最小均方差的极值，而不是无误差，从而获得理想过程的极大极小特性。极大极小原理是在统计学中为设计估计器而采用的，由于被消噪的信号可以假设为未知回归函数的估计量，则极大极小估计量可以在一个给定的函数集中实现最大均方误差最小化[159]。

图 6-8 所示为对相同的扰动数据采用 db20 小波进行 4 层分解后，再选择不同的阈值准则进行软阈值消除噪声的效果比较。

从图中可以看出，滤波效果较好的是固定阈值准则和启发式阈值准则，滤波后信号的标准方差分别为 8.2249×10^{-6} 和 8.2648×10^{-6}，其次是极大极小准则，滤波后信号的标准方差为 1.01×10^{-5}，效果较差的是无偏似然估计准则，滤波后信号的标准方差为 2.5792×10^{-5}。所以阈值准则的选择很重要，有时对滤波效果的影响可以相差一个数量级[160]。

6.4.4　基于分段统计非等权法处理陀螺输出数据

阈值法降噪可以使信号中的白噪声得到较好地抑制，且反映原始信号的特征尖峰点能得到较好地保留。虽然该方法可以较好地去除随尺度增大而减小的噪声，但是却把随尺度增大而增大或不变的扰动噪声当作有用信号保留下来，因此不能彻底去噪。由图 6-8（c）小波滤波后的结果可以看出，虽然重建信号基本是一条直线，但部分数据还存在较大的冲击扰动。对于二位置寻北来说，若只是对这样的数据做平均，即

$$\bar{x} = 1/n \cdot \sum_{i=1}^{n} x_i \tag{6-26}$$

式中：n 为单位置的采样点数。

则每个数据在结果中的贡献是相同的，即等权的，而实际上由于外界扰动的存在，使得各数据的可信度并不相同。

第6章 基于小波变换的陀螺寻北仪输出信号处理

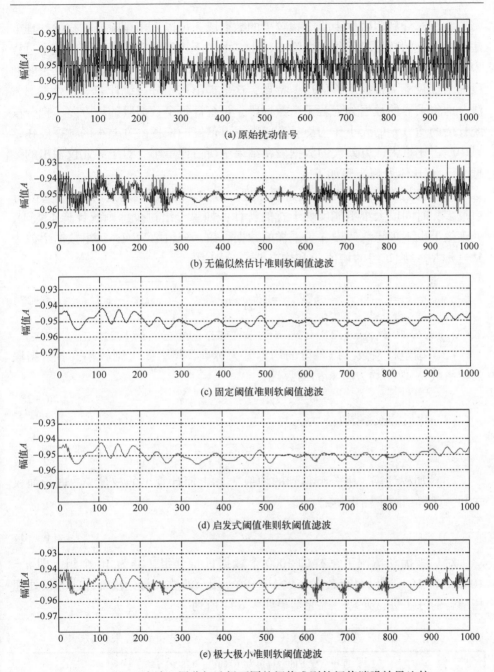

图6-8 db20小波4层分解选择不同的阈值准则软阈值消噪效果比较

为了充分利用数据中受干扰较少的数据段，可以采用剔除或加权的处理方法将干扰大的数据段的作用去除或减小。由于干扰不是在数据采集的整个过程中出现，只是在某一时间段内出现，或是在某一时间段内干扰较大，其余时间段内干扰较小。根据干扰的这一特点，这里提出采用分段统计非等权处理的方法，即将采样的数据分为若干个数据段，再统计每个数据段的均方差，把分段统计后的均方差的大小作为衡量该段数据可信度的依据，方差小的数据段在结果中所占比重大，方差大的数据段在结果中所占比重小。对于寻北仪输出的数据 $\{x_i\}_n$，具体处理步骤如下。

（1）分段统计。首先对原始数据进行分组，分组的数目要适当，如果分组过多，时间段太小不能反映干扰的特性；如果分组过少，则统计样本太少，处理效果也不理想。假设 n 为采样的数据总数，分组数为 N，每组数据个数为 $M=[n/N]$，则每组的均值 $\bar{x}_j$ 和均方差 s_j 分别为

$$\bar{x}_j = \frac{1}{M} \sum_{i=(j-1)M+1}^{jM} x_i, \quad s_j = \sqrt{\frac{1}{M-1} \times \sum_{i=(j-1)M+1}^{jM} (x_i - \bar{x}_j)^2} \quad (6-27)$$

式中：j 为分组号，$j=1,2,\cdots,N$，i 为采样数据的序号，$i=1,2,\cdots,n$。

（2）确定权系数。以各段的均方差为标准，均方差大则权小，各数据段的权系数 ω_j 取为均方差 s_j 的倒数[161]：

$$\omega_j = 1/s_j, \quad j=1,2,\cdots,N \quad (6-28)$$

归一化后的权系数 ω_j^* 为

$$\omega_j^* = \omega_j/C, \quad C = \sum_{j=1}^{N} \omega_j = \sum_{j=1}^{N} 1/s_j \quad (6-29)$$

（3）加权计算。用分组得到的均值 $\bar{x}_j$ 和上面计算出的权值 ω_j^* 进行加权求和，即得到陀螺输出值 $\bar{x}$ 为

$$\bar{x} = \sum_{j=1}^{N} \omega_j^* \cdot \bar{x}_j \quad (6-30)$$

对基座扰动情况下采样的 1000 个数据进行分组，分为 10 个组，即 $n=1000$，$N=10$，所以每组数据个数 $M=100$，用小波滤波与分段统计非等权处理相结合的方法进行处理，寻北结果如表 6-1 所列。

表 6-1 基座扰动分段统计非等权处理的寻北结果比较

理想情况下的方位角为（真值）：1280527.2″		
处理方法	寻北结果	与真值的差
原始扰动信号直接加权	1280501.5″	25.7″

续表

理想情况下的方位角为（真值）：1280527.2″		
处理方法	寻北结果	与真值的差
小波滤波后直接加权	1280544.5″	17.3″
小波滤波后再分段统计加权	1280515.2″	12.0″

从表6-1可以看出，如果对原始扰动数据直接加权处理计算方位角，由于在数据处理前没有对信号中的高频噪声予以处理，所以寻北结果存在较大误差。如果使用小波滤波后再加权处理，虽然小波滤波能够去除高频噪声，但由于对大幅度的扰动仍做了等权处理，寻北结果也不是很理想。这里提出的分段统计非等权处理的方法如果和小波滤波相结合使用，即先用小波变换去除信号中的高频噪声，然后用分段统计非等权处理的方法对大幅扰动再予以抑制，寻北误差较前两种方法会有所减小。

6.5 基于最大类间方差法选择阈值降低陀螺寻北仪的信号噪声

6.5.1 陀螺寻北仪噪声信号分析

为了区分来自外部的干扰噪声和来自内部的噪声，首先将寻北仪架设在实验室的隔离基座上，在周围扰动比较小的近似理想的情况下测得陀螺输出信号，如图6-9所示。从图中可以看出，陀螺寻北仪输出的是平稳信号，受到电路内部各种因素的影响，输出信号在均值附近小范围波动。

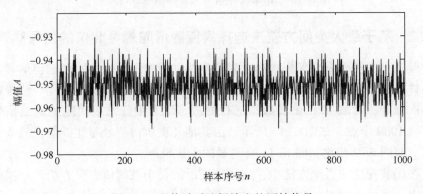

图6-9 无扰动时陀螺输出的原始信号

如果利用 Haar 小波函数对陀螺输出信号进行高频分解，如图 6-10 所示，小波分解系数相互独立，而且高频系数的幅值随着分解层次的增加而迅速衰减，因此可以得出，噪声主要体现在来自电路内部的均匀白噪声，在没有外部环境扰动的情况下是没有奇异点或突变点的。如果存在了奇异点或突变点，说明陀螺寻北仪受到了外部环境的扰动，因此可以通过小波变换检测突变点，并采取相应的滤波方法，消除外部环境扰动，确保寻北仪的寻北测量精度[162]。

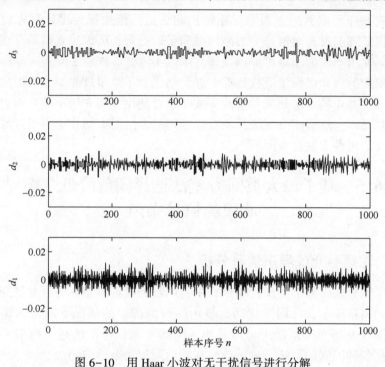

图 6-10 用 Haar 小波对无干扰信号进行分解

6.5.2 基于最大类间方差法选择阈值降低陀螺寻北仪的信号噪声

模拟有多辆载重卡车依次通过时产生扰动的情况下采集陀螺输出信号，一个采样点为 10ms 累积脉冲数，采样长度为 1000 个点，本试验在同一位置进行了多次测量，共取 20 次试验数据进行处理。取其中任意 1 次陀螺输出信号中的连续 1000 个点，如图 6-11 所示，因其他几次所得信号与此类似，故不一一列出。与图 6-9 相比，图 6-11 有明显的干扰噪声。

在小波变换的去噪方法中，应用较广泛的是小波阈值去噪方法。小波阈值去噪方法需要先设置一个阈值，大于这个阈值的小波系数认为是由信号产生的，小于这个阈值的小波系数则认为是由噪声产生的，去掉由噪声产生的系

第6章 基于小波变换的陀螺寻北仪输出信号处理

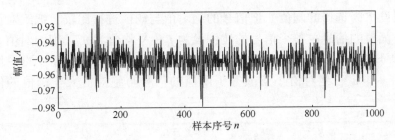

图 6-11 有外界干扰时的原始信号

数，然后进行小波反变换，就可以得到去除噪声后的信号。但小波阈值去噪方法中的阈值需要根据先验知识得到。该方法对白噪声和宽带噪声的去噪效果较好，对脉冲噪声无能为力[163]。

图 6-12 是利用 Haar 小波对原信号进行分解，得到的 3 层细节信号，从第 2 层细节图中可以明显看出有 3 处脉冲突变点，说明在采集数据过程中，受到 3 次较为严重的外部环境干扰。如果采用常用的滤波方法，直接将高频部分的信号滤除掉，虽然可以消除一部分噪声，但同时也会将一些有用的信号消除掉。图 6-13 是采用 Haar 小波将细节信号滤除并重构之后得到的信号，显然采用 Haar 小波滤波之后，脉冲突变点依然很明显，并没有很好地消除干扰[8]。

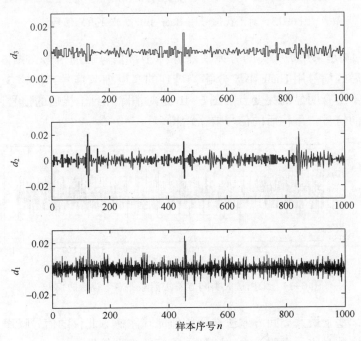

图 6-12 利用 Haar 小波对干扰信号进行分解

假设 T 为选择的阈值，把信号的绝对值与阈值进行比较，把绝对值小于或等于阈值的信号占整个信号的比例设为 f_0，平均值为 u_0；把绝对值大于阈值的信号占整个信号的比例设为 f_1，平均值为 u_1；则整个信号的平均值为 $u=f_0\times u_0+f_1\times u_1$，绝对值小于或等于阈值的信号与绝对值大于阈值的信号的方差为

$$g=f_0(u_0-u)^2+f_1(u_1-u)^2=f_0\times f_1*(u_0-u_1)^2 \qquad (6-31)$$

当方差 g 最大时，认为此时差异最大，也就是此时的阈值 T 是最佳阈值。然后将信号的绝对值与最佳阈值 T 进行比较，当信号的绝对值小于或等于阈值 T 时，该信号保持不变，当信号的绝对值大于阈值 T 时，将这部分信号滤除掉[164]。

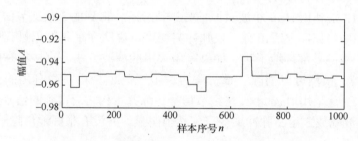

图 6-13 对干扰信号用 Haar 小波滤波并重构信号

图 6-14 是采用最大类间方差法滤除掉干扰信号后的信号，图 6-15 是对消除干扰后的信号用 Haar 小波分解，得到的 3 层细节信号，从这 3 层细节图中已经看不出有明显的突变点。图 6-16 是对消除外界干扰后的信号用 Haar 小波重构后的信号，重构后的信号要平滑得多。

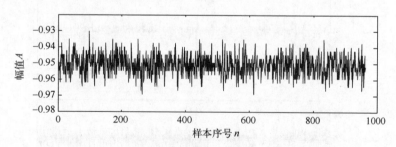

图 6-14 采用最大类间方差法消除外界干扰后的信号

显然，基于最大类间方差法选择阈值滤除陀螺寻北仪的信号噪声，通过消噪前后的信号对比，表明该方法达到了较好的去噪效果。

第6章 基于小波变换的陀螺寻北仪输出信号处理

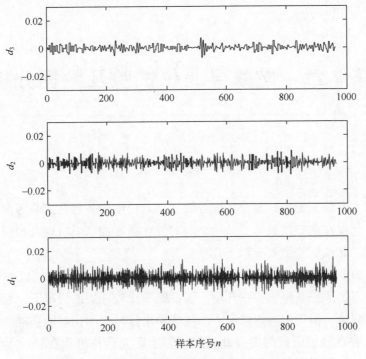

图 6-15 对消除干扰后的信号用 Haar 小波分解

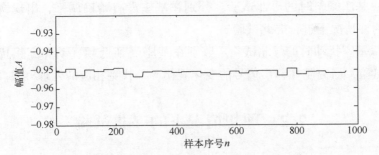

图 6-16 对消除干扰后的信号用 Haar 小波重构

第7章 陀螺寻北仪试验及数据分析

7.1 试验项目

下面主要研究影响磁悬浮陀螺寻北仪寻北精度的各主要影响因素，重点研究陀螺寻北仪在基座倾斜和受到扰动时对寻北精度的影响机理及相应的补偿措施。陀螺寻北仪试验主要有以下几项。

（1）理想情况下的寻北试验：为了研究各误差源对寻北精度的影响，首先在实验室的隔振基座上，在环境、温度等都比较理想的情况下，对基准棱镜进行寻北测量，以近似理想情况下的陀螺输出信号作为比对的基准。

（2）存在转位误差时的寻北试验：为了研究转位机构在转动不到位，存在转位误差的情况下对陀螺输出的影响，进行了转位误差试验。

（3）基座倾斜时的寻北试验：分别在基座没有精确调平，出现横倾角和纵倾角两种情况下进行寻北试验。

（4）基座扰动时的寻北试验：分别在基座受到低频扰动和高频扰动时进行寻北试验，研究陀螺输出信号的变化规律，并找到相应的处理方法。

7.2 理想情况下的寻北试验

7.2.1 寻北试验步骤

本试验以及下面的试验采用的寻北仪为磁悬浮陀螺寻北仪，采用一位置粗寻北，二位置精寻北的寻北方案。理想情况下的寻北试验按下述步骤进行。

（1）将磁悬浮陀螺寻北仪架设在实验室的隔振基座上，对基座进行精确调平。

（2）对实验室的基准棱镜进行寻北测量。

(3) 系统通电，进行一次寻北，粗略找到北向。

(4) 控制转动机构使陀螺的主轴处于北向附近，准备进行二位置精寻北。

(5) 确定合适的陀螺采样间隔，每个位置采样时间为 t。首先陀螺在精寻北的第一位置采样定转子电流，其输出为 i_{d1}，i_{z1}，共进行 n 次采样，采样完毕后，转动机构带动陀螺组件精确地旋转 180°，在第二位置采样定转子电流，其输出为 i_{d2}，i_{z2}，也进行 n 次采样，其中，i_{d1} 为第一位置定子电流，i_{z1} 为第一位置转子电流，i_{d2} 为第二位置定子电流，i_{z2} 为第二位置转子电流。而且在这两个位置寻北时，假设无准直误差存在。

(6) 对每个位置测量得到的数据经粗大误差剔除后，再经过相应的滤波处理后，求平均得到第一位置的定子电流为 I_{d1}，第一位置的转子电流为 I_{z1}，第二位置的定子电流为 I_{d2}，第二位置的转子电流为 I_{z2}，根据式（2-17）计算寻北结果为

$$\alpha = \arcsin\left(\frac{I_{d1}I_{z1} - I_{d2}I_{z2}}{2K \cdot \omega_{ie} \cdot \cos\phi}\right) \tag{7-1}$$

式中：K 为陀螺寻北仪的定向系数，是与力矩器的力矩系数、陀螺动量矩 H_g 和采样电路放大倍数有关的常数，整机装配完成后可实测标定；ϕ 为寻北仪架设点的纬度，式（7-1）中计算出的 α 就是陀螺主轴与子午面（北向）的夹角。

7.2.2 寻北时间及单位置采样时间 t 的选取

快速寻北的时间一般不超过 15min，这里寻北时间定为 15min。由于寻北时间一定时，如果单位置的采样时间 t 太长，采样数据就会减少，寻北可信度就会下降；如果单位置采样时间 t 过短，又不能很好地消除随机误差，因此必须合理地选择采样时间 t 的大小。在理想的环境下，单位置采样时间 t 的选择对寻北结果影响不大，选择采样时间为 10ms，采样 20 组数据，每组 1000 个数据，取其中的任意一组，如图 7-1（a）所示。图 7-1（b）是对陀螺输出的理想信号用 Bior3.7 小波进行 6 层分解并用软阈值进行消噪处理后的效果，从图中可以看出，对理想信号进行消噪处理后，近似为一条直线。

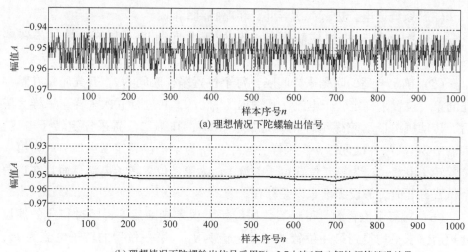

图 7-1 理想情况下陀螺输出信号

7.3 存在转位误差时的寻北试验

7.3.1 寻北试验步骤

(1) 将磁悬浮陀螺寻北仪架设在实验室的隔振基座上，对基座进行精确调平。

(2) 对实验室的基准棱镜进行寻北测量。

(3) 系统通电，进行一次粗寻北，粗略找到北向。

(4) 控制转动机构使陀螺的主轴处于北向附近，准备进行二位置精寻北。

(5) 确定每个位置采样时间 $t=10\text{ms}$，在精寻北的第一位置采样完毕后，转动机构带动陀螺组件精确地旋转 180°30″，即转位误差为 30″，在第二位置采样定转子电流。而且在两个位置寻北时，都无准直误差存在。

(6) 根据式（7-1）计算寻北结果。

7.3.2 粗大误差剔除

在采集数据过程中，由于各种因素的影响，测量数据中不可避免地会出现粗大误差，如果不将其从测量结果中剔除，会对测量结果产生明显的歪曲。粗大误差的判别准则有莱依特准则、罗曼诺夫斯基准则、格罗布斯准则及狄克松准则等。其中以格罗布斯准则可靠性最高，但莱依特准则更适合处理大样本数据，狄克松准则可以从小样本测量数据中迅速判别含有粗大误差的测量值，因此本试验系统采用莱依特准则。

莱依特准则又称 3σ 准则，主要用来处理近似符合正态分布的大样本数据。3σ 准则判断粗大误差数据的过程如下[165]。

当某个可疑数据 x_d 与样本均值 $\bar{x}$ 差的绝对值大于样本标准偏差 σ 的 3 倍时，即

$$|x_d - \bar{x}| > 3\sigma \qquad (7-2)$$

则可疑数据 x_d 被认为含有粗大误差，应该被剔除。

在实际数据处理过程中，为了降低弃真概率，一般采用 $k\sigma$ ($5 < k < 10$) 准则，适当放宽数据校验门限。这样可以避免由于样本中可能存在大误差量而过多剔除粗差，导致样本数据长度减小过多，使数据处理误差过大。

在进行转位误差试验中，由于是将寻北仪架设在实验室的隔振基座上，并将基座精确调平，且无准直误差等其他误差存在的情况下，分析转位误差存在时对寻北仪输出数据的影响，在剔除粗大误差是，选用 5σ 准则。

7.3.3 试验数据分析和处理

为了比对存在转位误差前后陀螺输出信号的变化，任选一组理想情况下的输出数据，如图 7-2（a）所示，理想情况下的陀螺输出数据有微小波动，主要是由于电路白噪声引起的，该组信号的标准方差为 2.4968×10^{-5}。

当存在转位误差 30″时，测得陀螺输出信号 10 组数据，采样时间为 10ms，每组采样数据为 1000 个，取其中的任意一组，经粗大误差剔除后的数据如图 7-2（b）所示，发现陀螺输出数据有较大波动，该组信号的标准方差为 6.6484×10^{-5}，存在转位误差时的标准差是无转位误差时的 2.66 倍。显然，转位误差会影响陀螺的输出，进而影响寻北精度。

由式 (3-20) 可知，由转动机构转位误差 $\Delta\psi$ 所引起的寻北误差 $\Delta\alpha_\psi$ 是转位误差角的一半，即

$$\Delta\alpha_\psi = \frac{\Delta\psi}{2} \qquad (7-3)$$

已知基准棱镜的方位角为 1280527.2″，在无转位误差的理想情况下，利用采样数据，根据上面的寻北公式 (7-1) 计算棱镜的方位角为 1280524.5″，微小误差 2.7″是由电路白噪声引起的。在存在转位误差 30″的情况下，如果不进行补偿，直接利用式 (7-1) 计算得到的方位角为 1280504.5″，误差为 22.7″，如果将测得的转位误差角 30″代入式 (7-3)，计算出寻北误差再进行补偿，则方位角为 1280519.5″，误差为 7.7″。

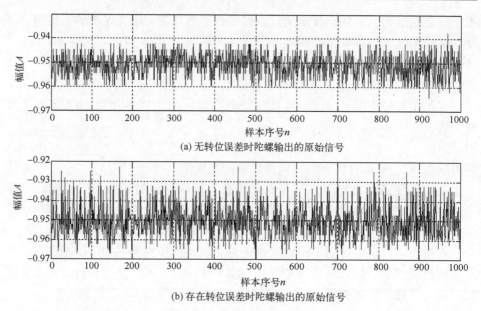

图 7-2 无转位误差和存在转位误差时陀螺输出信号的对比

表 7-1 是对基座棱镜进行 5 次寻北测量,在存在转位误差时,补偿前后的数据对比。从表中可以明显看出,在存在转位误差时,会引起寻北误差,如果根据转位误差与寻北误差之间的关系进行补偿,可以减小寻北误差。

表 7-1 转位误差 $\Delta\psi$ 补偿前后对比

基座棱镜方位角：1280527.2″					
组别	转位误差角	补偿前方位角	补偿前误差	补偿后方位角	补偿后误差
1	30″	1280504.5″	22.7″	1280519.5″	7.7″
2	−25″	1280544.5″	17.3″	1280532.5″	5.3″
3	28″	1280502.2″	25.0″	1280516.2″	11.0″
4	−40″	1280555.5″	28.3″	1280535.5″	8.3″
5	35″	1280500.9″	26.3″	1280518.4″	8.8″

在研究转位误差所引起的寻北误差及相应的补偿措施时,提高测角的精确度是转位误差补偿的前提[166]。此外,在实际使用中,由于陀螺的输出会受到外界许多因素的影响,如基座的水平度,车辆、大风及人员走动所引起的基座扰动,环境温度的剧烈变化等,因此首先要对陀螺的输出信号进行适当的滤波处理,减小外界的干扰,只有这样才能真正减小寻北误差,保证寻北精度。

7.4 基座未精确调平时的寻北试验

7.4.1 寻北试验步骤

(1) 将陀螺寻北仪架设在实验室的隔振基座上,将寻北仪的基座调整到倾斜一定的角度。

(2) 对实验室的基准棱镜进行寻北测量,示意图如 7-3 所示。

(3) 系统通电,进行一次粗寻北,粗略找到北向。

(4) 控制转动机构使陀螺的主轴处于北向附近,准备进行二位置精寻北。

(5) 确定每个位置采样时间 $t = 10\text{ms}$,在精寻北的第一位置采样完毕后,转动机构带动陀螺组件精确地旋转 $180°$,在第二位置采样定转子电流,而且在这两个位置寻北时,都无转位误差和准直误差存在。

(6) 剔除粗大误差,再进行适当的滤波处理,并根据式 (7-1) 计算寻北结果。

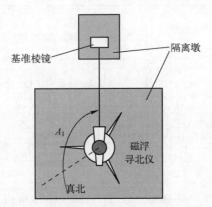

图 7-3 基座倾斜补偿验证试验场地示意图

7.4.2 试验数据分析和处理

为了比对基座倾斜前后陀螺输出信号的变化,任选一组理想情况下的陀螺输出数据,如图 7-4(a) 所示,理想情况下的陀螺输出数据有微小波动,主要是由于电路白噪声引起的,该组信号的标准方差为 $2.2413×10^{-5}$。

根据式 (5-17) 可知,由于基座倾斜而引起的寻北误差为

$$\gamma \cdot \tan\varphi + \theta \cdot \gamma \cdot \cos\alpha \tag{7-4}$$

从式（7-4）可以看出，在倾角是小角度情况下，对于以 x_g 轴为输入敏感量的磁悬浮陀螺寻北仪来讲，纵倾角 θ 对寻北结果产生影响非常小，但横倾角 γ 对寻北结果会产生影响，影响的大小与 γ 成正比，而且不同纬度地区，同样横倾角 γ 对寻北影响不同，与纬度正切成正比。

当基座出现横倾角 $\gamma=30''$，而纵倾角 $\theta=0$ 时，测得陀螺输出信号 10 组数据，采样时间为 10ms，每组采样数据为 1000 个，取其中的任意一组，经粗大误差剔除后的数据如图 7-4（b）所示，发现陀螺输出数据有较大波动，该组信号的标准方差为 7.956×10^{-5}，存在横倾角时的标准差是理想时的近 3.55 倍。显然，基座出现横倾时会影响陀螺的输出，进而影响寻北精度。

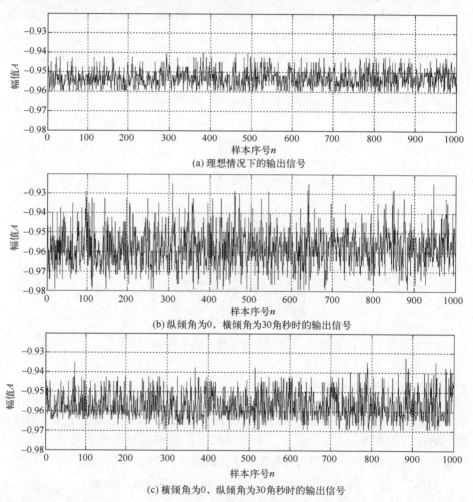

图 7-4 基座出现横倾和纵倾时陀螺输出信号的对比

第7章 陀螺寻北仪试验及数据分析

当基座出现纵倾角 $\theta=30''$，而横倾角 $\gamma=0$ 时，测得陀螺输出信号10组数据，采样时间为10ms，每组采样数据为1000个，取其中的任意一组，经粗大误差剔除后的数据如图7-4（c）所示，发现陀螺输出数据有波动，但很小，该组信号的标准方差为 2.568×10^{-5}，是理想时的1.1倍多，显然，基座的纵倾角对陀螺的输出有影响，但影响不大。

为了检验基座倾斜补偿试验的原理与效果，设计了如下的试验方法：设备初始架设偏北角度基本为0，即精寻北时转子采样电流很小，将仪器及配套三脚架放在隔离墩上，去测量位于另一隔离墩上的基准棱镜主截面的方位角（短时期内认为基准棱镜方位角不发生变化），基座倾斜补偿验证试验场地示意图如图7-3所示，在基座精确调平情况下（$\theta=0$，$\gamma=0$）测量10组数据，然后将横倾角 γ 调整到0，纵倾角 θ 分别调到-40″、-20″、0、20″和40″，各测2组数据，共10组数据，再将纵倾角 $\theta=0$，横倾角 γ 无补偿和参与补偿两种情况，每组数据又得到两个结果，实验数据如表7-2所列。

表7-2 倾角补偿实验数据表

测点纬度：34°20′					
数据编号	$\theta=0$，$\gamma=0$	$\gamma=0$，θ 变化	$\theta=0$，γ 变化		θ 或 γ 变化量
			补偿前	补偿后	
1	6′06″	6′17″	6′20″	5′53″	-40″
2	6′04″	6′08″	6′31″	6′04″	
3	6′14″	6′21″	5′52″	5′38″	-20″
4	6′11″	6′15″	6′18″	6′04″	
5	6′06″	6′03″	6′10″	6′10″	0″
6	6′20″	6′12″	6′06″	6′06″	
7	6′09″	6′00″	5′59″	6′13″	20″
8	6′03″	6′07″	5′54″	6′08″	
9	6′08″	6′14″	5′35″	6′02″	40″
10	6′09″	6′21″	5′21″	5′48″	
均值	6′09″	6′11″8	6′00″6	6′00″6	
方差	5.06″	7.19″	21.25″	10.95″	
说明：		所有测量结果度数均为135°			

从实验数据来看，补偿前测量结果数据离散度很大，方差达到21.25″，通过倾角测量并进行补偿，测量均值基本不变，但数据离散度较小，方差达到10.95″，通过倾角测量补偿方法，在调平误差较大的情况下，还是能大幅提高

测量精度的。理论分析，当横倾角 γ 为 0，纵倾角 θ 有较小范围变化时，对测北精度没有影响，但实验结果表明数据离散度比精确调平时有所扩大，经分析，原因为力矩器定转子不同心造成力矩器的力矩系数非线性引起的测量误差。

7.5 人员走动和上下车时基座扰动寻北试验

7.5.1 寻北试验步骤

（1）将陀螺寻北仪架设在水泥地面上，旁边停放一辆某型号瞄准车，模拟人员走到和上下瞄准车。

（2）系统通电，进行一次粗寻北，粗略找到北向。

（3）控制转动机构使陀螺的主轴处于北向附近，准备进行二位置精寻北。

（4）先确定采样时间 $t=10\mathrm{ms}$，在精寻北的二个位置采样定转子电流，并确保在两个位置寻北时，都无转位误差和准直误差存在。

（5）根据陀螺输出进行分析，得到扰动主频率，并根据 5.4 节的分析，确定新的采样时间，并重新进行采样。

（6）剔除粗大误差，再进行适当的滤波处理，并根据式（7-1）计算寻北结果。

7.5.2 试验数据分析和处理

在理想的环境下，单位置采样时间的选择对寻北结果影响不大，但在较恶劣的环境下，陀螺的输出比较复杂，只有缩短整个寻北测量时间才能降低对寻北精度的影响。为了确定最佳采样时间，首先在有扰动的环境下采样陀螺输出，采样时间为 10ms，采样 10 组数据，每组 1000 个数据，取其中的任意一组，如图 7-5 所示。

根据 5.4 节的分析，基座扰动产生的寻北误差为

$$\Delta\alpha_{\mathrm{dis}}=\frac{\Delta\omega_{\mathrm{dis}}}{2\omega_{\mathrm{ie}}\cos\phi\cos\alpha}=\frac{2\theta_m\varOmega\cos\varOmega t}{2\omega_{\mathrm{ie}}\cos\phi\cos\alpha}=\frac{\theta_m\varOmega\cos\varOmega t}{\omega_{\mathrm{ie}}\cos\phi\cos\alpha} \quad (7\text{-}5)$$

从上式可以看出，由于基座扰动而引起的寻北误差与扰动的幅度 θ_m 和扰动的频率 $\varOmega$ 有关，振幅 θ_m 越大，引起的寻北误差越大，振动频率 $\varOmega$ 与采样时间 t 乘积的余弦 $\cos\varOmega t$ 越大，引起的寻北误差也就越大。如果对陀螺输出的扰动数据进行频谱分析，得到基座的振动主频率 $\varOmega$，再选择合适的采样时间 t，使 $\varOmega t=k\pi$ 或 $\varOmega t\to k\pi$（k 为整数），则 $\cos\varOmega t\to 0$，从而可以减小基座振动引起的寻北误差。

第7章 陀螺寻北仪试验及数据分析

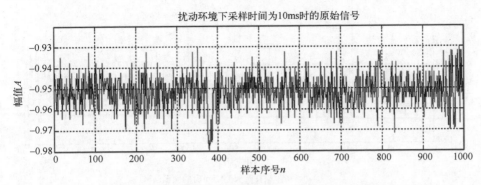

图7-5 扰动环境下采样时间为10ms时的陀螺输出

图7-6所示为扰动信号减去均值后的噪声频谱图,从图中可以看出,在整个数据采样过程中,都有干扰信号,但有些属于白噪声,有些是属于外界干扰。在频率为30~40Hz范围内的干扰最大,可以认为外界的振动主频率 Ω 基本在这范围内。

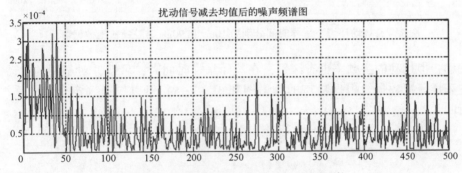

图7-6 扰动信号减去均值后的噪声频谱

经过计算可以得出,当采样时间 t 在 80~105ms 时,可以使 $\Omega t \to k\pi$,即 $\cos\Omega t \to 0$。取采样时间为90ms,在基座受到扰动时采集陀螺输出数据,采样10组数据,每组1000个数据,取其中的任意一组。图7-7是采样时间分别为 10ms 和 90ms 时,在同样的扰动环境下,陀螺输出数据的对比。在采样时间为 10ms 时,可以明显看出输出数据出现较大的波动,采样数据的方差为 5.8443×10^{-5},在采样时间为 90ms 时,输出数据的波动要小于采样时间为 10ms 时的输出,输出数据的方差为 4.2772×10^{-5},比采样时间为 10ms 时的方差小了 1.4 倍。

显然,选择合适的采样时间 t 可以降低陀螺输出对基座扰动的敏感性。由于外界的扰动有高频扰动,也有低频扰动,车辆扰动、人员走动虽然都是低频

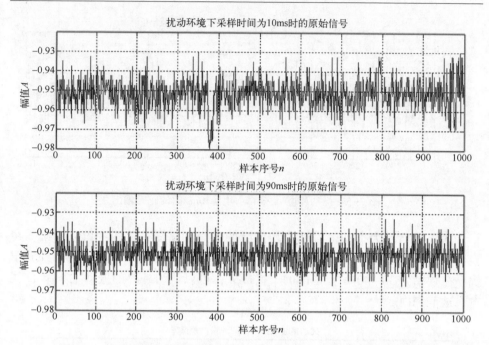

图 7-7　扰动环境下采样时间分别为 10ms 和 90ms 时陀螺输出数据对比

扰动,但扰动的主频率也有区别,在选择采样时间时,可以针对不同的扰动,先采样一组数据,根据噪声的频谱图和式(7-5)可以快速确定合适的采样时间。

参 考 文 献

[1] 熊介. 大地测量学 [M]. 北京：解放军出版社, 1998.
[2] 李裴. 大地测量基础理论与方法研究进展 [J]. 地球物理学进展, 2000, 15 (2)：60-66.
[3] 李敏, 王志乾, 黄波. 基于动调陀螺的多位置捷联寻北仪研制 [J]. 仪表技术与传感器, 2010 (5)：19-21.
[4] 蒋庆仙, 陈晓璧, 马小辉, 等. 单轴光纤陀螺寻北仪 [J]. 中国惯性技术学报, 2010, 18 (2)：165-169.
[5] 程鹏飞, 杨元喜, 李建成, 等. 我国大地测量及卫星导航定位技术的新进展 [J]. 测绘通报, 2007 (2)：1-4.
[6] Naval Surface Warfare Center, Crane Div. Comparison of gyroscope digital models for an electro-optical/infrared gudede missile simulation [R]. 2003, USA.
[7] 石仕杰. 光纤陀螺寻北技术研究 [D]. 长沙：国防科技大学, 2007.
[8] 沈志明, 张则宇, 刘智超. Gyromat 2000 陀螺经纬仪的应用 [J]. 海洋测绘, 2006, 26 (5)：68-70.
[9] LIN T W, LIN C L, MENG T Z Wu, et al. Design of Kalman filter for piezoelectric vibration gyroscope [C]. 6th Asian Control Conference, 2006：136-140.
[10] Naval Postgraduate School. Development of a control moment gyroscope controlled, three axis satellite simulator, with active balancing for the bifocal relay mirror initiative. [R]. 2004, USA.
[11] 王世光, 王振军. 陆用定位定向与寻北仪技术应用现状 [J]. 战术导弹控制技术, 2010, 27 (2)：14-17.
[12] Maryland Univ, College Park. Hannay-Berry phase of the vibrating ring gyroscope [R]. 2004, USA.
[13] 马小辉, 蒋庆仙, 陈晓璧. 光纤陀螺寻北方案的比较 [J]. 测绘科学与工程, 2006, 26 (3)：55-58.
[14] Surrey Univ. Combined singularity avoidance for variable speed control moment gyroscope clusters [R]. 2006, United Kingdom.
[15] Naval Air Warfare Center, China Lake, CA. Weapons Div. Modeling an interferomentric fiber optic gyroscope [R]. 2004, USA.
[16] 李建. 扰动基座下光纤陀螺快速寻北技术研究 [D]. 长沙：国防科技大学, 2007.
[17] JIANG M, YANG F J, DONG E L, et al. Analysis of mechanical characteristics in the

double linear vibratory gyroscope using high speed photography [J]. Optics and Precision Engineering, 2006, 14 (1): 121-126.

[18] National Aeromautics and Space Administration. Isolated resonator gyroscope with a drive and sense plate [R]. 2005, USA.

[19] National Aeromautics and Space Administration. Isolated planar gyroscope with internal radial sensing and actuation [R]. 2006, USA.

[20] ZHANG J A, QIU C H, YAN M, et al. Analysis on hollow rotor deformation of electrostatic suspended gyroscope [J]. Optics and Precision Engineering, 2006, 14 (1): 116-120.

[21] FANG J C; LI J L; SHENG W. Improved temperature error model of silicon MEMS gyroscope with inside frame driving [J]. Journal of Beijing University of Aeronautics and Astronautics, 2006, 32 (11): 127-303.

[22] 张德宁, 万健如. 光纤陀螺寻北仪原理及其应用 [J]. 航海技术, 2006 (1): 37-38.

[23] Honeywell International, Inc. Fiber optic gyroscope using a narrowband FBG as a wavelength rererence [R]. 2004, USA.

[24] LIU G J, WANG A L, JIANG T, et al. Study on modeling and detection capacitance analysis method of micromachined gyroscope [C]. International Technology and Innovation Conference, 2006.

[25] 汤巍. 陆用捷联式高精度寻北仪的设计 [D]. 天津: 天津大学, 2004.

[26] 程耀强, 赵忠, 刘辉. 基座晃动对寻北仪影响的仿真分析 [J]. 自动测量与控制, 2007, 26 (4): 65-67.

[27] 邹向阳, 陈家斌, 谢玲, 等. 基于三次B样条小波变换的寻北仪抗基座扰动研究 [J]. 微电子学与计算机, 2005, 22 (2): 151-153.

[28] 张梅, 张文. 激光陀螺漂移的研究方法 (一) [J]. 中国惯性技术学报, 2009, 17 (2): 210-213.

[29] JI X S, WANG S R, XU Y S. Application of fast wavelet transformation in signal processing of MEMS gyroscope [J]. Journal of Southeast University, 2006, 22 (4): 510-513.

[30] 陈刚, 张朝霞, 庄良杰. 小波域中值滤波器在陀螺寻北仪中的应用 [J]. 天津大学学报, 2006, 39 (7): 797-800.

[31] 李杰, 曲芸, 刘俊. 模平方小波阈值在MEMS陀螺信号降噪中的应用 [J]. 中国惯性技术学报, 2008, 16 (2): 236-239.

[32] LIU G J, WANG A L, JIANG T, et al. Detection capacitance analysis method for tuning fork vibratory micromachined gyroscope based on substructure model [J]. Chinese Journal of mechanical engineering, 2006, 42 (9): 97-102.

[33] ZHANG W P, CHEN W Y, ZHAO X L, et al. The study of an electromagnetic levitating micromotor for application in a rotating gyroscope [J]. Sensors and Actuators A (Physical), 2006, 132 (2): 651-657.

[34] SANGATI R, SYAMALA S, N. Novel test structure to emulate capacitance variations of a rate-grade MEMS gyroscope [C]. IEEE Asian Solid-State Circuits Conference, 2005.

[35] National Aeromautics and Space Administration Parametrically disciplined operation of a vibratory gyroscope [R]. 2005, USA.

[36] Florida Univ. Fabrication, characterization, and analysis of a DRIE CMOS-MEMS gyroscope [J]. IEEE Sensors Journal, 2003, 3 (5): 622-631.

[37] Snekk & Wilmer LLP., Cost Mesa, CA. Stimulated rate optical power measurement in a fiber optic gyroscope [R]. 2004, USA.

[38] CAO J L, WU M P, WU W Q, et al. Research on north-seeking based on dual FOGs and virtual inertial instruments [C]. IEEE International Conference on Information and Automation. Zhangjiajie, Hunan, China, 2008.

[39] LIU C N, WANG J P, TIAN W F. Design of an all-attitude north-finder [A]. Proceedings of the 7th International Conference on control, Automation, Robotics and Vision [C]. Singapore, 2002, 1551-1556.

[40] 高茂林. 陀螺寻北装置研究 [D]. 西安：西北工业大学, 2006.

[41] 陈晓璧. 二位置光纤陀螺寻北仪的研制 [D]. 西安：西安交通大学, 2009.

[42] LIN Y C, LIN M C, XIA G S, et al. Design of cursor signal acquisition module in all automated intelligent gyroscope north finder [J]. Chinese Journal of Sensors and Actuators, 2007, 20 (3): 559-562.

[43] 张思将, 秦石乔, 王省书. 连续旋转式激光陀螺寻北仪研究 [J]. 航空兵器, 2006, 1: 12-15.

[44] 陈文奇. 高精度磁悬浮单自由度陀螺寻北仪的研究 [D]. 哈尔滨：哈尔滨工业大学, 2004.

[45] GUO Q F, SUN F, MIAO C Y. Research on characteristic and emulation of MEMS combline vibration gyroscope [J]. Chinese Journal of Scientific Instrument, 2007, 28 (2): 352-356.

[46] 范百兴, 王飞, 李广云, 等. 下架式陀螺经纬仪偏心度检定技术研究 [J]. 测绘通报, 2011 (1): 85-88.

[47] 夏桂锁, 周晶晶, 林玉池, 等. 陀螺仪灵敏部自动升降的控制 [J]. 光学精密工程, 2007, 15 (7): 1064-1069.

[48] DUAN G R, WU Z Y, DAVID HOWE. Robust control of a magnetic-bearing fly-wheel using dynamical compensators [J]. Transactions of the Institute of Measurement and Control, 2001, 23 (4): 249-278.

[49] ZHANG Z J, WU K Y, SUN J Y. Fiber Optic Gyroscope Automatic Northfinder and Prototype Design [C]. 3rd International Symposium on Instrumentation Science and Technology, 2004, 2: 783-787.

[50] XU G P, TIAN W F, JIN Z H, et al. Temperature drift modelling and compensation for a dynamically tuned gyroscope by combining WT and SVM method [J]. Measurement Science

& Technology, 2007, 18 (5): 1425-1432.

[51] 刘思伟, 白云超, 田育民, 等. 一种磁悬浮陀螺寻北仪的研究 [J]. 测绘技术装备, 2008, 10 (3): 43-45.

[52] 刘迎澎, 黄田. 磁悬浮轴承研究综述 [J]. 机械工程学报, 2000, 11 (36): 5-9.

[53] 卜继军, 魏贵玲, 李勇建, 等. 陀螺寻北仪二位置寻北方案 [J]. 中国惯性技术学报, 2002, 10 (3): 46-49.

[54] 蒋庆仙, 马小辉, 陈晓璧, 等. 光纤陀螺寻北仪的二位置寻北方案 [J]. 中国惯性技术学报, 2006, 14 (3): 1-5.

[55] 龙文强, 秦继荣. 二位置数字捷联寻北仪的设计与实现 [J]. 火力与指挥控制, 2007, 32 (4): 97-99.

[56] 朱立峰, 吴易明, 陈良益, 等. 对光纤陀螺寻北仪二位置寻北方案的改进 [J]. 科学技术与工程, 2007, 7 (12): 2908-2910.

[57] 王毅, 赵忠, 卫育新. 带误差补偿的二位置寻北仪设计 [J]. 兵工自动化, 2005, 24 (4): 56-58.

[58] 任华新. 寻北仪寻北方法研究 [J]. 科技信息, 2007, 34: 551.

[59] 董桂梅, 冯莉, 林玉池, 等. 趋势预测1/8周期快速寻北法 [J]. 纳米技术与精密工程, 2011 (1): 34-38.

[60] 高福聚, 高铁军. 逆转点法、中天法、时差法定向比较 [J]. 矿山测量, 1994 (4): 3-6.

[61] 王缜, 贾智东, 丁扬斌, 等. 摆式陀螺罗盘的运动特性及其分析 [J]. 宇航计测技术, 2006 (4): 45-49.

[62] 林玉池, 孙占元, 赵美蓉, 等. 中天法在陀螺智能寻北系统中的应用研究 [J]. 机械工程学报, 2003, 39 (8): 116-119.

[63] 夏桂锁, 林明春, 林玉池, 等. 3/4周期中天法的陀螺智能寻北 [J]. 传感器与微系统, 2007, 26 (9): P53-56.

[64] 林明春, 夏桂锁, 林玉池, 等. 积分法在智能陀螺寻北系统中的应用研究 [J]. 传感器与微系统, 2007, 26 (10): 57-62.

[65] 夏桂锁, 林明春, 林玉池, 等. 1/4周期积分法的陀螺智能寻北 [J]. 传感技术学报, 2007, 8: 1926-1929.

[66] 王缜, 申功勋. 摆式陀螺寻北仪的积分测量方法 [J]. 光学精密工程, 2007, 15 (5): 746-752.

[67] 庄楚强, 吴亚森. 应用数理统计基础 [M]. 广州: 华南理工大学出版社, 1992.

[68] 任明荣, 陈家斌. 提高定向系统及初始对准精度的研究 [D]. 北京: 北京理工大学, 2005.

[69] 徐建华, 刘星桥, 陈家斌. 捷联寻北仪方位角误差分析 [J]. 兵工学报, 2006, 27 (2): 284-287.

[70] 苏瑞祥, 聂恒庄, 石千元, 等. 大地测量仪器 [M]. 北京: 测绘出版社, 1979.

[71] 顾启泰,刘学斌,周力强,等.高精度快速定向系统[J].清华大学学报(自然科学版),1995,35(2):48-53.

[72] 王志乾,赵继印,谢慕君.一种快速高精度自主式寻北仪设计及精度分析[J].兵工学报,2008,29(2):164-168.

[73] 刘宇波,高立民,赵天宇.光纤陀螺寻北仪误差系统分析[J].红外与激光工程,2007,36(9):570-573.

[74] ZHANG Z J, SUN J Y, WU K Y. Error analysis and test study of fiber optic gyroscope north-finder [C]. Proceedings of SPIE, Advanced Sensor Systems and Applications II, 2005, 5634:611-618.

[75] REN S Q, ZHAO Z H, CHEN Y. Error Analysis for the Gyro North Seeking System [R]. ISSCAA. Harbin:Harbin Institute of Technology, 2006:783-786.

[76] 陈家斌,刘星桥,缪玲娟,等.捷联式陀螺寻北仪误差分析与试验研究[J].兵工学报,1999,20(4):371-374.

[77] SUGIHARA T, NAKAMURA Y. Gravity compensation on humanoid robot control with robust joint servo and non-integrated rate-gyroscope [C]. 6th IEEE-RAS International Conference on Humanoid Robots, 2006.

[78] ZHANG Y, CAO J L, WU W Q, et al. The analysis of turntable error and arithmetic design for north-finder based on rate biased RLG [C]. The International Conference on Electrical Engineering and Automatic Control. 2010, 4:492-495.

[79] 蒋庆仙,陈晓璧,王成宾.光纤陀螺寻北仪的转位控制方案设计与实现[J].测绘科学与工程,2007,27(4):40-44.

[80] 谢慕军,谭旭光,王志乾.基于动调陀螺的多位置寻北仪的转位误差分析[J].光电工程,2008,35(11):4-8.

[81] 高茂林,赵忠,张钧.二位置陀螺寻北及转位误差分析[J].计算机测量与控制,2006,14(1):70-71.

[82] 王立东,王夏宵,张春熹.光纤陀螺寻北仪多位置寻北误差分析[J].压电与声光,2007,29(1):42-44.

[83] 高策,乔彦峰.光电经纬仪测量误差的实时修正[J].光学精密工程,2007,15(6):846-851.

[84] 刘嘉倬,刘铁根,杨晔,等.提高陀螺经纬仪光电测角装置测角精度研究[J].军械工程学院学报,2005,17(3):59-78.

[85] 孙谦.寻北误差控制技术与方位保持温控技术研究[D].北京:北京理工大学,2003.

[86] 李磊磊,陈家斌,谢玲.双轴平台动力调谐陀螺漂移补偿技术[J].火力与指挥控制,2006,31(1):75-76,80.

[87] 张梅,张文.激光陀螺漂移的研究方法(一)[J].中国惯性技术学报,2009,17(2),210-213.

[88] 刘小生,罗任秀.陀螺经纬仪稳定性分析研究[J].有色金属(矿山部分),2004,56(1):40-42.

[89] 卜继军,魏桂玲,吕志清.二位置陀螺寻北仪静态误差分析[J].压电与声光,2000,22(5):309-312.

[90] 王俊璞,田蔚风,金志华,等.全姿态挠性陀螺寻北仪误差分析[J].仪器仪表学报,2001,22(4):56-59.

[91] 刘星桥,任明荣,陈家斌,等.捷联寻北仪的误差补偿技术及信号处理方法研究[J].航天控制,2005,23(5):9-12.

[92] 肖正林,徐军辉,钱培贤.激光陀螺罗经寻北及其误差分析研究[J].弹箭与制导学报,2004,24(2):97-100.

[93] 李彦保,赵忠,卫育新,等.陀螺寻北仪的算法改进[J].兵工自动化,2004,23(5):13-14.

[94] 蒋庆仙,吴富梅,陈晓璧,等.基于二位置法测量的光纤陀螺寻北仪的误差分析[J].测绘科学与工程,2007,27(1):1-5.

[95] 王毅,赵忠.卫育新.带误差补偿的二位置陀螺寻北仪设计[J].测控技术,2005,24(4):56-58.

[96] 杨常松,徐晓苏.基于动调陀螺的单轴平台寻北仪及其误差分析[J].中国惯性技术学报,2005,13(4):25-29.

[97] 张馨,王宇,程向红.光纤陀螺寻北仪航向效应误差分析和补偿[J].弹箭与制导学报,2010,30(5):54-58.

[98] 任明荣,刘星桥,陈家斌,等.捷联寻北仪抗环境干扰的研究[J].火力与指挥控制,2010,35(4):73-75.

[99] 郭喜庆,魏静.速率光纤陀螺寻北仪倾斜补偿算法研究[J].光子学报,2007,36(12):2342-2345.

[100] 张培仁,孙力.基于C语言C8051F系列微控制器原理和应用[M].北京:清华大学出版社,2007.

[101] 童长飞.C8051F系列单片机开发与C语言编程[M].北京:北京航天大学出版社,2005.

[102] 刘武发,蒋蓁,龚振邦.基于MEMS加速度传感器的双轴倾角计及其应用[J].传感器技术,2005,24(3):27-32.

[103] 余小平,庹先国,王洪辉.基于SOC的高精度倾角测量系统的设计[J].电子设计工程,2010,(12):28-34.

[104] 邱仁峰,胡晓东.一种高精度数字倾角测量系统的设计[J].电子技术应用,2005,6:18-22.

[105] 张维胜.倾角传感器的原理和发展[J].传感器世界,2002,8:4.

[106] 蒋庆仙,马小辉,陈晓璧,等.双轴倾角传感器的设计与实现[J].传感器与微系统,2009,28(12):86-92.

[107] 邱仁峰,胡晓东. 一种高精度数字倾角测量系统的设计[J]. 电子技术应用, 2005, (6): 18-22.

[108] 李宝林,卜继军,胡小兵. 动力调谐陀螺寻北仪倾斜补偿算法[J]. 压电与声光, 2011, 33 (5): 734-737.

[109] 孟乐中,刘青峰,张宏亮,等. 具有倾角补偿的快速寻北仪系统研究[J]. 战术导弹控制技术, 2011, 28 (1): 25-29.

[110] 薛国新,孙玉强. 正弦曲线三点拟合问题的一种新方法[J]. 计算机仿真, 2006, 23 (2): 107-109.

[111] 梁志国,张大治,孙宇,等. 四参数正弦波曲线拟合的快速算法[J]. 计测技术, 2006, 26 (1): 4-7.

[112] 孔祥莹,殷玉枫,袁文旭. 最小二乘法在滑动轴承实验研究中的应用[J]. 机械工程与自动化, 2004 (5): 37-38.

[113] 谢玲,刘普,陈家斌. 寻北仪数据采集系统的设计与实现[J]. 计算机测量与控制, 2002, 10 (2): 129-130, 140.

[114] 李建. 扰动基座下光纤陀螺快速寻北技术研究[D]. 长沙: 国防科技大学, 2007.

[115] LAMP RECHT H A, TROMP H, ABBOTT, M A. 光纤寻北陀螺仪基座运动的补偿[J]. 惯导与仪表, 1998, 2: 45-48.

[116] JIANG J B, WANG A L, LIU G G, et al. Analysis for performance of a vibratory micromachined gyroscope based on mode-acceleration method [C]. International Technology and Innovation Conference, 2006.

[117] 李春虹,王省书. 扰动基座下激光陀螺寻北仪的数据处理研究[D]. 长沙: 国防科技大学, 2006.

[118] 李汉舟,杨孟兴,李国辉,等. 数字信号处理技术在陀螺多位置寻北仪中的应用[J]. 中国惯性技术学报, 2005, 13 (2): 14-18.

[119] 胡国辉,王强,胡恒章. 动基座对准试验及结果分析[J]. 宇航学报, 1997, 18 (3): 71-74.

[120] LIANG J Y, CHEN J B, XIE L, et al. Improving the performance of the north finder against base motion disturbance based on the B-wavelet [J]. Transactions of Beijing Institute of Technology, 2003, 23 (1): 50-53.

[121] QIU A P, SU Y. Research on slide film damping mechanisms in micromachineed vibrating wheel gyroscope [J]. China Mechanical Engineering, 2006, 17 (16): 1679-1682.

[122] 邹向阳,孙谦. 连续旋转式寻北仪的寻北算法及信号处理[J]. 北京理工大学学报, 2004, 24 (9): 804-807.

[123] ZOU X Y, CHEN J B, XIE L. Research on the north-finder against base disturbance based on cubic B-spline wavelet [J]. Microelectronics and Computer, 2005, 22 (2): 151-154.

[124] LIN Y C, LIN M C, XIA G S, et al. Design of cursor signal acquisition module in all auto-

mated intelligent gyroscope north finder [J]. Chinese Journal of Sensors and Actuators, 2007, 20 (3): 559-562.

[125] 宋春雷, 谢玲, 陈家斌. 采用数据处理方法提高车载捷联式寻北仪的精度 [J]. 北京大学学报, 2004, 40 (5): 844-848.

[126] REN M R, CHEN J B, ZHANG C J, et al. Wavelet denoising method using in strapdown north seeking system to improve the dynamic disturbance [J]. Microelectronics and Computer, 2004, 21 (5): 146-149.

[127] 任明荣, 陈家斌, 张长江, 等. 用于改善捷联寻北仪抗动态干扰能力的小波消噪法 [J]. 微电子学与计算机, 2004, 21 (5): 146-149.

[128] GUO C, FAN R, ZHANG Z L, et al. Application of the wavelet packet analysis in the ring laser gyroscope SINS [J]. Chinese Journal of Sensors and Actuators, 2007, 20 (2): 426-429.

[129] 梁俊宇, 陈家斌, 谢玲, 等. 基于B-小波提高寻北仪抗基座扰动的能力 [J]. 北京理工大学学报, 2003, 23 (1): 50-53.

[130] 李春虹, 王省书, 黄宗升, 等. 扰动基座下激光陀螺寻北仪数据处理方法的研究 [J]. 仪器仪表学报, 2006, 27 (12): 1135-1140.

[131] 戚万权, 牛利. 抗差估计中方差因子对估计值的影响研究 [J]. 科技资讯, 2008 (14): 249-250.

[132] 王立冬, 刘军, 鲁军. 多位置寻北误差与陀螺数据采样时间的关系 [J]. 中国惯性技术学报, 2011, 19 (3): 286-289.

[133] 苏中, 陈汐, 张霞. 捷联惯导寻北中卡尔曼滤波器的设计 [J]. 北京信息科技大学学报, 2011, 26 (4): 6-10.

[134] WU Z J, ZHANG X, WANG X X, et al. Broad bandwidth signal detection scheme for high precision fiber optic gyroscope [J]. Journal of Beijing University of Aeronautics and Astronautics, Chian, 2006, 32 (11): 1365-1368.

[135] 林渊, 肖峰, 郑宾, 等. 小波变换阈值降噪方法及在武器自动机数据处理中的应用 [J]. 电子测量技术, 2009, 32 (1): 128-130.

[136] 高宁, 周跃庆, 杨晔, 等. 抗野值自适应卡尔曼滤波方法的研究 [J]. 中国惯性技术学报, 2003, 11 (3): 25-28.

[137] 周跃庆, 高宁, 刘鲁源. 抗野值自适应 Kalman 滤波及其在陀螺信号处理中的应用 [J]. 天津大学学报, 2004, 37 (9): 815-817.

[138] 石仕杰, 吴文启. 光纤陀螺信号的卡尔曼滤波和小波变换滤波的比较研究 [J]. 导航与控制, 2004, 3 (3): 16-19.

[139] 谢荣生, 孙枫, 郝燕玲, 等. 基于小波分析的船用捷联陀螺信号滤波方法 [J]. 哈尔滨工程大学学报, 2001, 22 (2): 24-26.

[140] 杨力华, 戴道清, 黄文良, 等. 信号处理的小波导引 [M]. 北京: 机械工业出版社, 2002: 122-159.

参考文献

[141] 张贤达. 现代信号处理 [M]. 北京：清华大学出版社，2004：378-399.

[142] 刘密歌，郭东道，李小斌. 脉冲奇异点的小波检测 [J]. 电子测量技术，2009，32 (4)：17-19.

[143] 张小飞，徐大专，齐泽锋. 基于小波变换奇异信号检测的研究 [J]. 系统工程与电子技术，2003，25 (7)：814-817.

[144] 陶维亮，王先培，刘艳，等. 基于小波模极大值移位相关的光谱去噪方法 [J]. 光谱学与光谱分析，2009，29 (5)：1241-1245.

[145] 磨国瑞，彭进业，磨少清，等. 基于反对称双正交小波分解系数的模极大值的信号快速重构 [J]. 电子与信息学报，2007，29 (8)：1860-1863.

[146] 李月琴，栗苹，闫晓鹏，等. 无线电引信信号去噪的最优小波基选择 [J]. 北京理工大学学报，2008，28 (8)：723-726.

[147] 任明荣，刘星桥，陈家斌. 小波去噪技术在捷联寻北仪中的应用 [J]. 北京理工大学学报，2004，24 (7)：592-595.

[148] 李传庆，徐敏，张曙. 基于小波分析的信号消噪法 [J]. 应用科技，2003，30 (2)：14-17.

[149] 缪玲娟. 小波分析在光纤陀螺信号滤波中的应用研究 [J]. 宇航学报，2000，21 (1)：42-46.

[150] 袁瑞铭，韦锡华，李自怡，等. 基于小波阈值滤波的光纤陀螺信号消噪算法 [J]. 中国惯性技术学报，2003，10 (5)：43-47.

[151] PFLIMLIN J M, HAMEL T, SOUERES P et al. Nonlinear attitude and gyroscope's biasestimation for a VTOL UAV [J]. International Journal of Systems Science，2007，38 (3)：197-210.

[152] 贾沛璋. 误差分析与数据处理 [M]. 北京：国防工业出版社，1999.

[153] 飞思科技产品研发中心. MATLAB6.5辅助小波分析与应用 [M]. 北京：电子工业出版社，2003.

[154] 何正嘉，訾艳阳，张西宁. 现代信号处理及工程应用 [M]. 西安：西安交通大学出版社，2007.

[155] 李建平，唐远炎. 小波分析方法的应用 [M]. 重庆：重庆大学出版社，2000.

[156] 吴富梅，杨元喜. 基于小波阈值消噪自适应滤波的GPS/INS组合导航 [J]. 测绘学报，2007，36 (2)：124-128.

[157] 霍炬，王石静，杨明，等. 基于小波变换阈值法处理光纤陀螺信号噪声 [J]. 中国惯性技术学报，2008，16 (3)：343-347.

[158] 薛斌，邓志红，肖烜，等. 一种有效的车载寻北仪数据处理方法 [J]. 中国惯性技术学报，2005，13 (6)：6-9.

[159] 李汉舟，杨孟兴，李国辉，等. 数字信号处理技术在陀螺多位置寻北仪的应用 [J]. 中国惯性技术学报，2005，6 (4)：2-4.

[160] 朱俊敏，张潇，王旌阳，等. 基于模极大值和尺度理论的音频降噪方法 [J]. 振动

与冲击, 2009, 28 (11): 168-172.
[161] 杨元喜. 等价权原理: 参数平差模型的抗差最小二乘解 [J]. 测绘通报, 1994 (6): 33-35.
[162] 韩孟涛, 王伟平. 基于小波变换的信号奇异性检测的研究 [J]. 仪表技术, 2009 (5): 46-47.
[163] 钱硕楠, 邓志红, 付梦印. 一种实用的激光陀螺寻北仪数据处理技术 [J]. 传感器与仪器仪表, 2007, 23 (1): 46-49.
[164] 李杰, 曲芸, 刘俊. 模平方小波阈值在 MEMS 陀螺信号降噪中的应用 [J]. 中国惯性技术学报, 2008, 16 (2): 236-239.
[165] 胡爱军, 唐贵基, 安连锁. 振动信号采集中剔除脉冲的新方法 [J]. 振动与冲击, 2006, 25 (1): 126-132.